国家级一流本科课程配套教材

21世纪
资源环境生态规划教材

植物学

吉成均　刘鸿雁　王　愔　编著

北京大学出版社

图书在版编目(CIP)数据

植物学/吉成均,刘鸿雁,王憘编著.—北京:北京大学出版社,2024.6
21世纪资源环境生态规划教材
ISBN 978-7-301-34995-3

Ⅰ. ①植… Ⅱ. ①吉… ②刘… ③王… Ⅲ. ①植物学—高等学校—教材 Ⅳ. ①Q94

中国国家版本馆 CIP 数据核字(2024)第 082346 号

书　　　名	植物学 ZHIWUXUE
著作责任者	吉成均　刘鸿雁　王　憘　编著
责 任 编 辑	王树通
标 准 书 号	ISBN 978-7-301-34995-3
出 版 发 行	北京大学出版社
地　　　址	北京市海淀区成府路205号　100871
网　　　址	http://www.pup.cn　新浪微博:@北京大学出版社
电 子 邮 箱	编辑部 lk2@pup.cn　总编室 zpup@pup.cn
电　　　话	邮购部 010-62752015　发行部 010-62750672　编辑部 010-62764976
印 刷 者	北京宏伟双华印刷有限公司
经 销 者	新华书店
	787毫米×1092毫米　16开本　19.75印张　350千字 2024年6月第1版　2024年6月第1次印刷
定　　　价	120.00元

未经许可,不得以任何方式复制或抄袭本书之部分或全部内容。
版权所有,侵权必究
举报电话: 010-62752024　电子邮箱: fd@pup.cn
图书如有印装质量问题,请与出版部联系,电话: 010-62756370

序

　　植物学是一门研究植物的科学，它的研究对象是整个植物界。随着学科的发展，植物学成为生物科学与技术、生态学的三大基础课程（植物学、动物学和微生物学）之一，在学生培养体系中扮演着不可或缺的作用。

　　目前国内的植物学教材主要有两大类：一类是传统的植物学类，内容包括形态、解剖和分类以及对进化的一些简要介绍；另一类是植物生物学类，内容涉及所有与植物相关的知识，从分子、细胞、组织、器官、种群、群落一直到生物圈。这些教材大都缺乏植物生态的基本内容。尤其是随着生态学科从生物学中独立出来成为一级学科，已有很多植物学教材为了区分起见，删除了植物生态的相关内容。在这样的背景下，迄今为止，未见适用于生态学、环境科学、自然地理学等资源环境类专业的植物学教材出版，这使得学生在植物学的学习中，容易缺失植物生态的必要知识，造成教学体系的不完整。基于此，迫切需要编著与之相适应的植物学教材。

　　北京大学的植物学课程有着悠久的历史，形成了丰厚的知识积累和鲜明优势，并获评国家级一流本科课程。基于多年教学和科研实践，北京大学生态学科吉成均、刘鸿雁、王憎老师编写了这本植物学教材。

　　该教材具有鲜明的特色，尤其是在保障植物学知识的基础上充实了生态学相关内容。该教材分为植物形态解剖、植物生理和生态、植物分类和分布三个重要模块，重点阐述了植物分类和识别、植物生长发育的规律、植物的物质运输和物质代谢等内容。特别是，为避免学习分类知识的枯燥和单调，本教材创建了一种较为特有的教学体系，即通过介绍优势植被类型中常见植物类群的基本特征及识别方法，来达到学习植物分类和分布知识的目的。这样能够将植被生态、植被地理与植物分类的学习有机结合，使学生全面认识植物多样性及其演化的规律,取得良好的学习效果。

该教材在教学思路、教学内容和教学方法等方面较好地体现了本科生教材的基础性和系统性,强化对基本的、经典的植物学知识的诠释,强调植物器官间的关联性和一定的统一性,同时删减了隶属于研究生学习阶段的过多过深内容。全书彩色排版印刷,增加了大量自绘图片和第一手研究图片,内容精练且通俗易懂。

本书可作为综合性大学、师范院校、农林院校的生态学类、生物科学类、资源环境类各专业的本科生专业教材,也可供有关专业的师生和植物学爱好者学习参考。

方精云

2023 年 12 月

前　言

植物学是综合性大学、师范类院校生物科学、生态学和生物技术专业的必修基础课,植物学知识是生物科学与技术、生态学的三大基础知识(植物学、动物学和微生物学)之一。

近年来,伴随着生命科学和生态学的迅速发展,植物学的内容得到了极大丰富和长足发展,在植物的系统分类、植物功能性状、植物多样性保护和可持续利用等方面都取得较大突破。因此,有必要修订、完善原有教材,以适应学科和时代的发展。另外,目前植物学课程体系和教学内容呈现出学时缩短、内容多样化等特点,现有教材在教学过程中尚存在一定程度的不足。特别是随着生态学科成为一级学科,很多植物学教材删除了植物生态相关章节的内容,适用于生态学、环境科学、自然地理学等资源环境类专业的植物学教材迄今未见出版,迫切需要编著与之相适应的植物学教材。

北京大学生态中心的植物学课程是国家级一流本科课程,具备丰富的教学资源和长期传承的教学理念。在多年植物学教学和科研实践的基础上,北京大学生态中心吉成均、刘鸿雁、王憶等植物学相关授课老师编写了这本植物学教材。

该教材在教学思路、教学内容和教学方法等方面较好地体现了本科生教材的基础性和系统性,强化对基本的、经典的植物学知识的诠释,强调植物器官间的关联性和一定的统一性,增加了对全球变化背景下植物在自然界的作用以及与人类关系的解读,删减了隶属于研究生阶段的过多、过深内容。该教材包括植物形态解剖、植物生理和生态、植物系统演化和分类三个模块,在保障植物学知识的基础上充实了生态学相关内容;在植物形态解剖部分强化了对植物分类和识别最为重要的花和叶片的形态学描述,从适应与进化角度对植物生长发育的规律进行了凝练;在植物生理和生态部分增加了植物营养物质、水分的吸收和运输以及植物体内的主要生理代谢过程的介绍，强调了结构和功能的关系以及环境要素对其的影响；在植物系统演化和分类部分，删减了低等植物和苔藓、蕨类植物分类方面的相关内容，同时通过介绍优势植被类型中常见植物类群的基本特征及识别方法，使学生全面认识植物多样性及其演化的规律。将植被生态、植被地理的学习与植物分类有机结合，使植物分类的学习变得有趣和实用。

全书彩色排版印刷，增加了大量自绘图片和第一手研究图片，内容精炼且通俗易懂。

本书可作为综合性大学、师范类院校、农林院校的生态学类、生物科学类、资源环境类各专业本科生的植物学授课教材，也可供有关专业的师生和植物学爱好者参考。

由于时间仓促及编者的水平有限，教材中难免出现错误和疏漏，敬请广大教师、学生和读者在使用过程中提出宝贵意见和建议，以便不断补充、修订和完善。

编　者

2024 年 4 月于燕园

目 录

绪　论　/001

第一章
植物的细胞和组织　/006
第一节　植物的细胞　/006

第二节　植物的组织　/017

第二章
植物的营养器官　/038
第一节　茎　/038

第二节　叶　/065

第三节　根　/089

第四节　植物营养器官之间的连接　/107

第五节　植物营养器官与环境之间的关系　/111

第三章
植物的繁殖器官　/122
第一节　花　/122

第二节　果实和种子　/153
　　第三节　植物繁殖器官与环境的关系　/165

第四章
植物的物质吸收和运输　/170

　　第一节　植物的水分代谢及其与环境之间的关系　/170
　　第二节　矿物质的吸收和同化　/179
　　第三节　植物的光合作用　/182
　　第四节　植物的呼吸作用　/202

第五章
植物的生长发育和生活史　/210

　　第一节　植物的生长发育　/210
　　第二节　植物的繁殖　/236
　　第三节　不同类群植物的生活史　/245

第六章
植物多样性与分类　/255

　　第一节　植物的多样性及其演化　/255
　　第二节　植物分类和识别　/265
　　第三节　不同植被类型中的优势植物　/272

第七章
植物与人类　/298

主要参考书　/307

绪　论

植物学是一门研究植物的科学，它的研究对象是整个植物界。植物学的基本任务是认识和揭示植物的形态结构和生长发育规律、植物主要类群的分类和演化以及植物和外界环境的关系。植物学是一门综合性的基础学科，也是生态学专业的必修基础课程。

一、植物学主要研究分支

植物学是生物学的分支学科，主要研究植物的形态、分类、生理、生态、分布、发生、遗传与演化等。植物学在发展过程中也产生了很多分支学科，如发育植物学、结构植物学、代谢植物学、系统与演化植物学、环境植物学等。其中，与生态学相关的植物学研究分支主要包括5个方面。

1. 植物解剖学

植物解剖学是研究植物细胞、组织和器官的显微、超显微结构及其发育规律的植物学分支学科。植物解剖学主要有以下一些分支学科：

（1）植物比较解剖学：是从系统演化的角度，比较各类群植物结构异同的学科，这些结构特征可以作为植物分类的依据。

（2）植物发育解剖学：是从植物个体发育的角度，说明植物的组织和器官发生发展过程的学科。

（3）植物生理解剖学：是从植物生理功能的角度，探讨植物各种组织结构的学科。

（4）植物生态解剖学：是研究不同生态条件下，植物细胞、组织结构变化的学科。

2. 植物形态学

植物形态学是研究植物的形态与结构，并根据其个体发育与系统发育来解释现存各种植物的形态与结构变化的学科。

（1）按照研究对象可以分为孢子植物形态学、种子植物形态学、维管植物形态学。

（2）按照是否具有明显的花结构可以分为隐花植物形态学和显花植物形态学。

（3）按照研究方向可以分为比较形态学、系统形态学、实验形态学（通过实验发现其形态变化规律）、形态发生学（内外因素对植物体形成的影响）。

3. 植物分类学和植物系统学

植物分类学是根据植物的特征以及植物间的亲缘关系、演化顺序，对植物类群进行分类，并在研究的基础上建立和逐步完善植物各级类群的演化系统的学科。与植物分类学相比，植物系统学更强调植物间的系统关系，即谱系。植物分类学和植物系统学可根据研究的植物类群分为相应的分支学科，如真菌学、藻类植物学、苔藓植物学等。

4. 植物生理学和植物生理生态学

植物生理学是研究植物生命活动规律及其与环境相互关系、揭示植物生命现象本质的学科。植物生理学主要研究植物的物质代谢和能量转化、植物生长发育等的规律与机理以及植物体内、外环境条件对其生命活动的影响。植物生理生态学是研究生态因子和植物生理现象之间关系的学科。与植物生理学相比，植物生理生态学强调用生理的观点和方法来分析生态学现象，主要研究不同环境条件对植物生理代谢过程的影响，以及植物对环境特别是逆境的生理响应。主要研究内容包括光合作用、呼吸作用、植物水分生理、植物矿质营养及在体内的运输、生长与发育、抗逆性和植物运动等。

5. 植物生态学

植物生态学是研究植物与植物之间、植物与环境之间相互关系的学科。植物生态学依其对象的组织水平可分为个体生态、种群生态、群落生态和系统生态等部分。植物生态学主要研究内容包括：植物个体对不同环境的适应性以及环境对植物个体的影响；植物种群和群落在不同环境中的形成及发展过程；植物在生态系统的能量流动、物质循环中的作用等。

二、生态学专业植物学教材的特点

国内的植物学教材目前主要有两大类：一类是传统的植物学类，内容包括形态、解剖和分类以及一些简单的演化，如陆时万等编著的《植物学》、马炜梁等编著的《植物学》；另一类是植物生物学类，内容涉及所有与植物相关的知识，从分子、细胞、组织、器官、种群、群落一直讲到生物圈，如杨继等编著的《植物生物学》和周云龙等编著的《植物生物学》。迄今为止，适用于生态学、环境科学、自然地理学等资源环境类专业的植物学教材未见出版，随着生态学科成为一级学科，迫切需要编著与之相适应的植物学教材。

适应生态学科的教材与国内外同类教材相比应具有以下特色：

（1）侧重生态与环境视角。作为生态专业的教材，应注重探讨植物与环境的关系，强调生物和非生物因素对植物形态和结构、生长发育和代谢等的影响以及植物的适应机制，从全球变化和生态文明等角度理解人类与植物的关系以及人类对植物的保护利用。

（2）强调结构与功能的关系。应强调植物结构与功能的辩证关系，使学生理解植物体的所有器官都具有一定的关联性和一定的统一性，并通过了解植物体各器官间的相互联系，进一步理解植物体在结构、功能上的高度统一性。另外，强调从适应与演化的角度探讨结构与功能的关系。

（3）与地球植被结合。应重点介绍地球优势植被类型中主要类型的系统演化和分类特征，使学生建立一个较为完整的"宏观植物学"的知识体系，掌握植物的分布规律和适应机制。

三、生态学专业植物学教材的主要内容和学习方法

生态学专业植物学教材的主要内容可以分为三大模块，即植物形态解剖、植物生理和生态、植物分类和分布。

在形态解剖部分，通过对植物各类细胞、组织、器官等的介绍，阐述植物细胞的形态、植物组织的类型和功能、植物营养器官和生殖器官的结构和功能以及植物学的基本概念和术语。在此基础上，将植物的六大器官（即根、茎、叶、花、果实和种子）串联，

介绍种子植物各器官间的关联及对环境的响应和适应规律。在此部分中,需要学生结合教材中的图片,记忆营养器官和生殖器官的基本形态结构,并掌握初生生长和次生生长过程中形成层等分生组织的活动规律。还要熟悉相关的概念,如凯氏带、外始式发育、导管分子次生壁加厚的方式等。此外,了解花和叶等器官的形态学描述也十分重要(这一点是植物分类部分的基础)。

在植物的生长发育部分,通过对不同类群植物生长发育过程的比较,使学生了解植物从种子萌发到果实成熟的生长发育规律,此部分重点是根、茎的生长过程,以及繁殖器官中雌、雄蕊的发育。在生活史部分需要重点掌握各类群植物的生活史特征,以及它们在演化上的进步性和局限性,了解植物从简单到复杂、从低等到高等的演化趋势,能从演化的角度阐述植物系统演化规律。

在植物分类部分,介绍植物系统演化和植物分类等知识,介绍优势植被类型中常见植物类群的基本特征及识别方法,使学生全面认识植物多样性及其演化规律。除了需要掌握重点类群植物(例如木兰科、毛茛科、蔷薇科、豆科、十字花科、菊科、兰科等等)的基本特征外,还要对日常生活中能够接触到的果蔬有一定的分类学了解,例如桑葚主要吃其肉质花被片,棉花使用其种皮毛等;除了了解教科书中提及的分类系统(从恩格勒系统到 APG 系统),还需要掌握这些分类系统的特点以及依据。同时,通过对不同植被类型中优势科的基本特征的学习,将植被生态、植被地理的学习与植物分类有机结合,避免植物分类学习的枯燥性。

在植物生理部分,主要介绍植物对营养物质和水分的吸收、运输以及光合作用、呼吸作用等植物体内的主要生理代谢过程,了解生物因子和非生物因子对这些代谢过程的影响。首先,需要与植物形态部分的营养器官结合,了解植物的运输方式。其次,需要掌握与生化代谢部分相关联的植物新陈代谢,包括光合作用与呼吸作用,同化物的运输,以及一些次生代谢物的合成等。

在生态解剖部分,主要介绍在不同生态条件下(旱生、中生、水生、腐生等),植物各细胞、组织和器官形态结构的变化,以及植物的生长特点和植物群落特征的变化;了解气候和环境因素对植物形态解剖特征和生长发育过程的影响。本部分着重介绍植物叶片和木本植物形态结构的响应和适应规律。

四、植物学的学习方法

（1）培养兴趣。植物跟人们的日常生活有密切联系,要善于发现植物生命的奇妙和体会植物构造的美妙之处,增加对植物学课程的学习兴趣。

（2）上课认真听讲,及时整理、总结植物学的要点。把握知识间的内在联系,如形态结构与生理功能的联系,形态结构与生态环境的关系,个体发育与系统发育的关系,等等。植物学需要理解性记忆,有时也可以作对比,比如裸子植物和被子植物、单子叶植物和双子叶植物可以对应记忆,列出相同点和不同点就好掌握。

（3）认真对待植物学实验课和实习课,加强基本技能的训练。显微观察和绘图等都可以帮助记忆植物的内部结构,野外实习有助于了解植物的生长发育过程和分布规律。注意多留心观察野外和校园植物的形态结构和生长发育规律,实际解剖一下植物的组织结构,努力使自己具备独立鉴定植物种类的能力。切身体会植物学中的各种知识(包括植物的生长发育、开花与传粉、对环境的适应等等),把观察到的现象和理论知识联系起来。

（4）多看书,多借阅一些植物学的相关书籍,充分利用网络资源,利用好数字课程资料。有条件的可开展相关实验研究,增加理论知识和感性认识,学会用实验的方法去探索植物世界的本质和奥秘。

第一章
植物的细胞和组织

第一节 植物的细胞

植物细胞是植物形态与结构的基本单位,是植物生命活动的基本单位,也是植物个体发育和系统发育的基础。细胞学说指出:一切植物都是由细胞构成的,细胞是构成植物体的基本单位;细胞是独立的、有序的自控代谢体系,是代谢与功能的基本单位;细胞是有机体生长和发育的基础;细胞具有遗传的全能性,也是遗传的基本单位。

一、植物细胞的大小、形态

(一)植物细胞的大小

植物细胞的大小与植物的种类和细胞的功能有关。大的细胞,如西红柿(*Lycopersicon esculentum*)、西瓜(*Citrullus lanatus*)的果肉细胞肉眼就可看到,棉花(*Gossypium* spp.)纤维长达4 cm,麻类纤维长达50 cm;小的细胞,如单细胞植物的细胞,通常只有几微米。高等植物细胞的大小一般为10~100 μm,其中多数为15~30 μm。

制约细胞大小的因素有两个。① 受细胞核控制范围,也就是核质比的限制。细胞核是细胞的控制中心,一般来说,细胞核的DNA不会随着细胞体积的扩大而增加,如果细胞太大,细胞核的"负担"就会过重。② 受物质交换和转运效率的制约。细胞体积越大,其相对表面积越小,细胞的运输效率就越低。通常生理代谢活跃的细胞往往较小,而代谢活动弱的细胞则较大。

（二）植物细胞的形态

细胞的形态千变万化，比如：导管细胞为长管状，纤维细胞为长梭状，表皮细胞为扁平状，保卫细胞为半月状或哑铃状，石细胞为分枝状，分生组织细胞为近等径等（图1-1）。

影响细胞形态的主要因素是细胞的功能、植物种类（如单子叶植物较双子叶植物大）。此外，细胞的分裂面、细胞的极性、细胞壁的结构等也影响细胞的形状。

植物的长大主要靠细胞数目的增加，而不是靠细胞体积的增大。

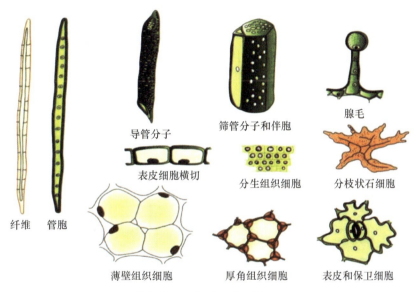

图1-1　种子植物的细胞形态（仿马炜梁，改绘）

二、植物细胞的结构

植物细胞由细胞壁和原生质体两部分组成。细胞壁具有支撑细胞形态和保护细胞的功能；原生质体是细胞壁内所有物质的总称，主要由细胞膜、细胞质和细胞核组成（图1-2）。

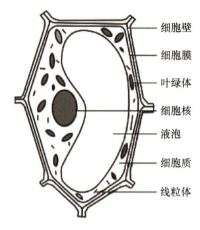

图 1-2　植物细胞的基本结构

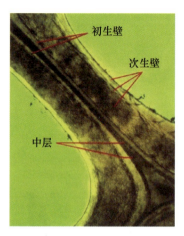

图 1-3　植物细胞的细胞壁

(一) 细胞壁

1. 细胞壁的组成

细胞壁是包围在原生质体外面的具有一定硬度和弹性的薄层,是由原生质体分泌的非生命结构,是植物细胞的最外面部分。细胞壁的主要功能为支持、保护细胞,防止细胞因吸胀而破裂,维持细胞正常形态。

生活细胞的细胞壁一般只具有胞间层和初生壁,一些特化细胞的细胞壁从外向内可以分为胞间层、初生壁和次生壁三层(图 1-3,表 1-1)。

(1) 胞间层。又称中层,细胞分裂以后最早形成的分隔部分,为相邻两个细胞所共有,主要由一种无定形的胶体状的果胶物质组成。胞间层既可将相邻细胞粘连在一起,又可缓冲细胞间的挤压,并且还不会阻碍细胞生长。

(2) 初生壁。细胞停止生长前形成的壁层,位于胞间层的内侧,主要由纤维素、半纤维素和果胶质组成,具弹性,可随细胞的生长而伸长。初生壁一般较薄,厚 1~3 μm。

(3) 次生壁。细胞停止增大以后,在初生壁上继续形成的壁层。次生壁的主要成分是纤维素、木质素。次生壁往往较厚,可分为 S1、S2、S3 三层,细胞壁成熟后常木质化、栓质化。次生壁一般厚 5~10 μm。

表 1-1 植物细胞壁各层的比较

分层	化学成分	特性	形成时期
胞间层	果胶质	较强亲水性，易分解	细胞分裂产生新细胞时在两个细胞之间形成
初生壁	纤维素、半纤维素、果胶质	较薄，具有弹性和可塑性	细胞生长增大体积时形成，存在于胞间层内侧
次生壁	纤维素、木质素	较厚，常木质化	细胞体积停止增大后，形成于初生壁内表面

2. 细胞壁的特化

由于植物体内不同细胞担负的机能不同，在细胞生长过程中，随着细胞壁的加厚，不同细胞的原生质体常分泌不同的化学物质填充在细胞壁内，使细胞壁的性质发生变化。常见的细胞壁特化有木质化、栓质化、角质化、矿质化等。

（1）木质化。细胞壁沉积木质素（一种苯基丙烷的衍生物），与纤维素结合在一起。木质素可增强硬度，加强细胞壁的机械支持作用，同时木质化的细胞仍可透过水分。植物树干的木质部细胞往往会木质化。

（2）栓质化。细胞壁沉积栓质（一种脂类化合物）。栓质化的细胞壁失去透水和透气的能力，细胞壁富有弹性，细胞成为死细胞。植物树皮的细胞多栓质化。

（3）角质化。细胞壁沉积角质（一种脂类化合物）。角质化的细胞壁不易透水。植物地上器官（如嫩枝、叶片、花和果实）的表层细胞的外壁常常角质化。

（4）矿质化。细胞壁沉积硅质或钙质等物质。矿质化使细胞壁坚硬，使茎、叶的表面变粗，增强植物的机械支持能力。禾草类植物叶片的表皮细胞常常矿质化。

3. 细胞壁的特殊结构

在细胞生长过程中，细胞壁的增厚是不均匀的，在一些薄壁区域会形成初生纹孔场和纹孔等结构，并且常有胞间连丝贯穿其中。

（1）初生纹孔场。在仅具初生壁加厚的细胞壁上，有一些明显较薄的凹陷区域，称为初生纹孔场。形成次生壁时，初生纹孔场部位的细胞壁并不加厚，也不形成次生壁，只有中层和初生壁隔开，形成了纹孔。

（2）纹孔。有次生壁发育的细胞壁上，次生壁并不是均匀完整地包围在原生质体外围，在一些区域只有初生壁和胞间层，没有次生壁。一般将未进行次生加厚而留下的凹陷称为纹孔。

纹孔多出现在具有次生壁发育的细胞的细胞壁上。纹孔通常包括单纹孔和具缘纹孔两种类型(图1-4)。

① 单纹孔。细胞壁上次生壁未加厚的部分，呈圆孔形或扁圆形，纹孔的中间由初生壁和中层所形成的纹孔膜隔开。植物的纤维、石细胞和薄壁细胞上通常具有单纹孔。

在一个纹孔内，由纹孔膜到细胞腔的整个空间称为纹孔腔。树皮石细胞的细胞壁极厚，纹孔腔有时是由许多细长的孔道呈分歧状连接起来通向细胞腔，此种单纹孔称为分歧纹孔。

② 具缘纹孔。次生壁在纹孔边缘向内延伸，形成穹形的延伸物，拱起在纹孔腔上，仅在中央形成一个圆形或扁圆形的小开口——纹孔口。植物的管胞和导管壁上通常具有具缘纹孔。

在松柏类植物管胞上的具缘纹孔，其纹孔膜(即纹孔所在的初生壁)中央通常也加厚，形成纹孔塞。纹孔塞在具缘纹孔上有活门的作用，当水流得很快时，水流压力会推动纹孔塞把纹孔口堵塞起来，使得上升水流减缓。

松柏类植物管胞上的具缘纹孔有纹孔塞的结构，从正面看起来是三个同心圆，外圈是纹孔腔的边缘，第二圈是纹孔塞的边缘，内圈是纹孔口的边缘(图1-4)；而其他裸子植物和被子植物的具缘纹孔没有纹孔塞，因此正面看起来只有两个同心圆。

纹孔在相邻两细胞的细胞壁上常成对而生，形成纹孔对。纹孔对根据纹孔的类型，可分为单纹孔对、具缘纹孔对及半缘纹孔对。

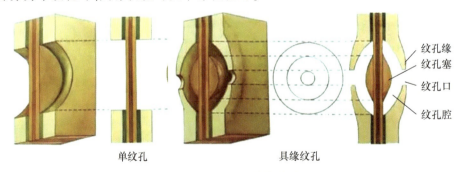

图1-4　单纹孔和具缘纹孔

半缘纹孔对是指在管胞或导管与薄壁细胞间形成的纹孔对。一边有架拱状隆起的纹孔缘,而另一边形似单纹孔,没有纹孔塞。

（3）胞间连丝。穿过细胞壁的细胞质细丝,连接相邻两细胞的原生质体。胞间连丝是细胞间物质运输、信息传递的主要桥梁。在初生纹孔场、纹孔的纹孔膜以及初生壁上都有许多胞间连丝。一般地,在生长和代谢旺盛的细胞上,胞间连丝数量较多。

（二）细胞核

细胞核是细胞遗传信息贮存和复制的场所。一般高等植物的一个细胞中仅具有一个细胞核,而低等植物差异较大,如藻类有几个到几十个核,大草履虫有大、小两个核。少数高等植物细胞有多个细胞核（如植物生殖细胞周围的一些营养细胞含两个核,无节乳汁管具多个核）,而高等植物的筛细胞则无细胞核。

细胞核的形状、大小及位置随着植物细胞的生长而相应发生改变。在幼年细胞中位置多居中,在成熟细胞中常被液泡挤到一边。细胞核大小为 $5\sim20~\mu m$,其形态多样,多为圆形、卵圆形（图 1-5）。

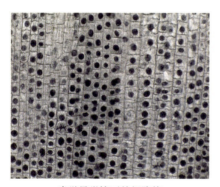

光学显微镜下的细胞核

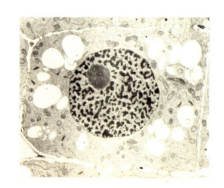

透射电子显微镜下的细胞核

图 1-5　细胞核

（三）细胞质

细胞质是细胞膜以内、细胞核以外部分的总称,由细胞液、细胞器、细胞质内含物组成。其中,细胞器是细胞质内由膜结构包被的有一定形态和功能的结构,包括产能细胞器和内膜系统两部分。产能细胞器包括质体和线粒体,内膜系统则包括质膜、内质网、高尔基体、微体、液泡等。

1. 线粒体

在光学显微镜下呈线状、粒状，细胞内的数量一般为几百到几千个，在合成和分泌旺盛的细胞中数量多。线粒体直径 0.5~1 μm，长 1~3 μm，在光学显微镜下需要染色才能辨别。

线粒体具有双层膜，其内外膜成分差异很大。外膜较光滑，类似真核细胞的细胞膜；内膜成分类似细菌的细胞膜，内膜向内折叠成互相平行的嵴，嵴之间为基质，含有呼吸作用需要的酶。线粒体有自己的 DNA，能够进行蛋白质的合成，能自身直接进行分裂，是半自主的细胞器。

线粒体是细胞进行呼吸作用的重要场所，是细胞的动力工厂。

2. 质体

质体包括叶绿体、白色体、有色体等，它们之间在一定的条件下可互相转化。叶绿体是进行光合作用的细胞器，白色体和有色体是细胞中的贮能性细胞器（图 1-6）。

（1）叶绿体

叶绿体是光合作用的场所，其外面由双层膜包被，内部是一个复杂的层膜结构。层膜外观上像一个个小囊，因此又叫类囊体，通常几十个类囊体垛叠在一起而成为基粒。不同细胞中类囊体数目和形状差异很大。高等植物叶绿体多为凸透镜状，水绵（*Spirogyra* spp.）的叶绿体为带状，衣藻（*Chlamydomonas* spp.）的叶绿体为杯状。高等植物叶绿体的直径为 4~6 μm，厚度为 2~3 μm。叶绿体有自己的 DNA、RNA 和核糖体，是可以进行蛋白质合成、自我分裂的，也是半自主的细胞器。

（2）有色体

有色体主要存在于花瓣、果实、贮藏根及衰老的叶片中，为双层膜结构，形状不规则。有色体所含色素主要是叶黄素和胡萝卜素，呈现黄色或橘红色，又称杂色体。主要功能：积聚淀粉和脂类，在花、果中有吸引昆虫帮助传粉和传播种子的作用。有色体可由前质体发育而来，也可由叶绿体失去叶绿素转化而来，还可由白色体转化而来。

（3）白色体

白色体是不含可见色素的无色质体，具双层膜结构，呈颗粒状。存在于一些植物的贮藏器官中，如番薯（红薯）（*Ipomoea batatas*）、马铃薯（*Solanum tuberosum*）的地下器官及种子的胚中。白色体的主要功能是积累淀粉、蛋白质及脂类，从而使其相应地转化为淀粉粒、糊粉粒和油滴。白色体虽不含可见色素,却含无色的原叶绿素,故见光后便可转化为叶绿体,如生长中的马铃薯露出土外的部分,经日晒变绿就是其中的白色体转变为叶绿体。

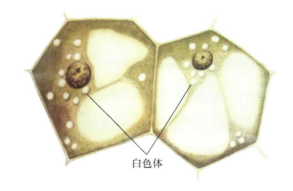

图 1-6　叶绿体和白色体

3. 内膜系统

内膜系统指细胞质中在结构、功能和发生上相关的一系列膜性细胞器的总称,包括质膜、内质网、高尔基体、微体、液泡等。内膜系统中各细胞器均具独特的酶系,有着各自的功能,在分布上有各自的空间。同时,内膜系统具有动态性质,其结构是不断变化的,在各内膜系统间常可以看到一些小泡来回穿梭。

(1) 质膜

细胞壁以内,包围细胞质的单层生物膜结构,也称细胞膜。主要功能:为细胞的生命活动提供相对稳定的内环境,选择性地物质运输,提供细胞识别位点,完成细胞内外信息跨膜运输,介导细胞与细胞及细胞与基质间的连接。

(2) 高尔基体

除成熟的红血细胞外,几乎所有动植物细胞中都有高尔基体。它由 5~8 个浅盘状的囊泡平迭形成,其周围有许多小泡。高尔基体在分泌细胞中特别发达。主要功能:① 将内质网合成的物质运送到特定的部位;② 合成纤维素、半纤维素等造壁物质并运送到特定部位,从而参与细胞壁的形成;③ 具分泌作用,如分泌黏液、树脂等。

(3) 内质网

由单层膜包围起来的空腔结构,许多囊腔连接在一起,其形态在细胞的不同发育阶段变化很大(图1-7)。内质网按生理功能可分为粗面内质网与光面内质网两类,粗面内质网与光面内质网可互相转变。

① 粗面内质网:在膜外面附着有核糖体颗粒。粗面内质网的主要功能是合成蛋白质大分子,并将其从细胞输送出去或在细胞内转运到其他部位。

② 光面内质网:膜是光滑的,没有核糖体附着。光面内质网主要参与脂类与固醇的合成。

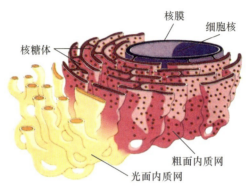

图 1-7　内质网的形态结构

(4) 液泡

存在于植物细胞中,由单层膜包被的球形结构。幼年细胞中只有很少的分散的小液泡,在成熟的细胞中液泡往往合并成一个大液泡,占据细胞的中央部分。主要功能:① 调节渗透,维持细胞渗透压和膨压;② 贮藏和消化细胞内的一些代谢产物;③ 利于原生质体与外界发生气体与营养的交换。

(5) 微体

为单层膜包被的球形细胞器,直径 $0.5 \sim 1.5~\mu m$。植物中的微体以过氧化物酶体和乙醛酸循环体最为常见。

① 过氧化物酶体:存在于绿叶中,与光呼吸有关。

② 乙醛酸循环体:存在于萌发种子的胚乳或子叶中,含种子萌发期间将脂肪酸转化为碳水化合物的酶,在乙醛酸循环中具有重要作用。

4. 细胞内含物

细胞内含物是指除细胞器外积贮在细胞质内的,具有一定形态的代谢产物,包括糖类、脂类、蛋白质、色素颗粒、分泌颗粒和结晶体等。它们中一些是代谢的废物,如草酸钙晶体;还有一些是可能被再利用的贮藏物质,以淀粉、蛋白质、脂类物质最为普遍。内含物存在于液泡或细胞质中,其分布形式多种多样,有液体状态、晶体状或非结晶固体状,有些还具有膜结构包被,如淀粉粒存在于植物薄壁细胞内,由造粉体吸收淀粉分子而成,外被双层膜。

三、植物细胞的分裂

植物个体的生长和发育主要通过细胞体积的增大与细胞数目的增多来实现,而细胞数目的增多依靠细胞分裂。细胞的分裂方式主要包括有丝分裂、无丝分裂和减数分裂三种类型。

(一) 有丝分裂

有丝分裂是细胞最常见的一种分裂方式,在分裂过程中有纺锤体和染色体出现。有丝分裂过程包括有丝分裂间期和有丝分裂期,间期主要进行遗传物质的复制和分裂前的准备,分裂期主要是将分裂间期复制的 DNA 以染色体的方式平均分配到两个子细胞中去,使每个子细胞都得到一组与母细胞相同的遗传物质。

植物有丝分裂末期,在两个子细胞之间近中央的部位,残留的纺锤体收缩聚集,形成盘状结构,同时高尔基体分泌的小泡和内质网囊泡也向此区域集中,使盘状结构不断增大,向周围伸展,最后到达细胞的外围而与细胞壁连接,从而将两个细胞分开。通常将此时的盘状结构称为胞间层或中层,以后细胞在中层的外围继续分泌物质,形成初生壁和次生壁。

细胞进行有丝分裂时,叶绿体和线粒体以出芽方式分裂为二,高尔基体和内质网则破碎成小泡分别进入两个子细胞。

多数植物细胞的有丝分裂都形成两个大小一致的细胞,但有些细胞分裂形成两个大小不同的细胞,其细胞器也有明显差异。

不同植物、不同组织细胞的有丝分裂所经历的时间不同,多数细胞的分裂时间约为 20 小时。

(二) 无丝分裂

无丝分裂时没有发生纺锤丝与染色体的变化,这种分裂是细胞核和细胞质的直接分裂,所以也叫作直接分裂。无丝分裂在低等植物中较为常见,在高等植物中主要出现在胚乳发育过程、愈伤组织形成时及薄壁组织中。细胞无丝分裂非常迅速,即使在分裂过程中细胞仍可执行其功能,是一种生理上的适应。

无丝分裂有各种方式,如横缢、纵缢、出芽等,最常见方式为横缢。由于无丝分裂过程中细胞核无显著变化,核内物质未能平均分配,常涉及遗传的稳定性问题。

(三) 减数分裂

植物在有性生殖过程中发生的一种特殊的分裂,其染色体只复制一次,但细胞分裂两次,从而导致细胞中染色体数目减少一半。减数分裂过程可以分为分裂间期和分裂期,其中分裂期包括第一次分裂和第二次分裂。第一次分裂的间期很短,有时甚至在第一次分裂后,不经过间期就直接开始第二次分裂,并且间期也不进行 DNA 的复制。

一般来说,减数分裂形成的 4 个雄配子均可成为有效的配子;而形成的 4 个雌配子往往有 3 个退化,仅有 1 个发育成为有效的配子。减数分裂所需时间随物种的不同有较大的差异,一般为 30~50 小时。

四、动物细胞与植物细胞的比较

(一) 相同点

一切重要的细胞器,如细胞膜、核膜、染色质、核仁、线粒体、高尔基体、核糖体、微管、微丝等不仅形态结构与成分相同,功能也是一样的。

(二) 不同点

① 动物细胞中没有细胞壁、液泡及与光合作用有关的叶绿体与其他质体。② 动物细胞通常形状不固定,植物细胞通常形状较固定;动物细胞的细胞核常在中央,植物细胞的细胞核常在细胞一侧。③ 植物细胞在有丝分裂以后,普遍有一个体积增大与成熟的过程,在这一过程中细胞的结构要经历一个发育的阶段,如初生壁与次生壁的形成,液泡的形成与增大,有色体的发育等。④ 植物细胞中没有中心粒,细胞全能性高,死细胞与活细胞结合在一起构成生物体。

第二节 植物的组织

组织是指在发育上有共同来源,在结构上相似并且共同完成一定的生理功能的细胞群。根据形态结构和生理功能,植物的组织可以分为分生组织和成熟组织两类。

一、分生组织

在植物生长过程中能持久或在一定时期内保持分裂能力的细胞群称为分生组织。分生组织往往分布在植物体的特定部位,具有持续性或周期性的分裂能力,植物体内的其他组织都是由分生组织经过分裂、生长、发育和分化而形成的。

(一)分生组织的特点

具有较强的分裂能力,位于植物体生长的部位。细胞体积较小,多呈近等径的多面体形,无胞间隙,为生活的薄壁细胞,细胞核质比大,细胞质浓,细胞核位于中央,液泡小而少,只有前质体。

(二)分生组织的类型

(1)根据细胞的来源和分化的程度,分生组织可以分为原分生组织、初生分生组织和次生分生组织三类(图1-8)。

① 原分生组织:来源于胚胎或成熟植物体中转化形成的胚性细胞,细胞较小,近乎等径,细胞核相对较大,细胞质丰富,无明显液泡,有较强的分裂能力,存在于根尖、茎尖的最先端。

② 初生分生组织:由原分生组织衍生而来的分生组织。初生分生组织已开始初步分化,液泡显现,逐渐向成熟组织过渡,分裂能力也减弱。

③ 次生分生组织:由已成熟的薄壁细胞经过生理上和结构上的变化,重新成为具有分裂能力的组织。次生分生组织细胞多为扁形或扁多角形,细胞质明显液泡化,其活动与根、茎的加粗和重新形成保护组织有关。

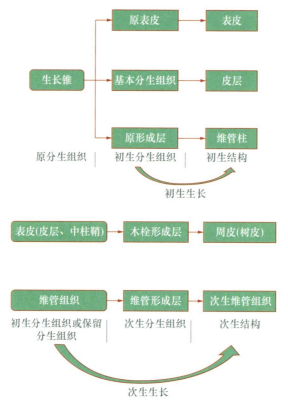

图 1-8 原分生组织、初生分生组织和次生分生组织

（2）根据在植物体中的位置，分生组织可以分为顶端分生组织、侧生分生组织和居间分生组织三种（图 1-9）。

① 顶端分生组织：位于根、茎顶端的分生组织，也就是根、茎顶端的生长锥，包括原分生组织及其衍生的初生分生组织。这些组织的活动与根、茎的长度和高度生长有关。

② 侧生分生组织：位于根、茎侧方位置的分生组织，如维管形成层和木栓形成层。侧生分生组织的细胞多是长的纺锤形细胞，有较为发达的液泡，细胞与器官长轴平行。侧生分生组织的活动与根、茎的加粗生长和次生保护组织的形成有关。

③ 居间分生组织：位于成熟组织之间的分生组织，其细胞核大，细胞质浓，有一定程度的液泡化。居间分生组织主要进行横向分裂，使器官纵向伸长，如禾本科（Poaceae）

植物的节间基部和葱(*Allium fistulosum*)、韭(*Allium tuberosum*)叶的基部有居间分生组织。小麦(*Triticum aestivum*)、玉米(*Zea mays*)等的拔节、抽穗生长现象,花生(*Arachis hypogaea*)的"入土结实",韭菜的割茬再生长均是由居间生长导致的。居间分生组织只能保持一段时期的分裂能力,以后则完全转变为成熟组织。

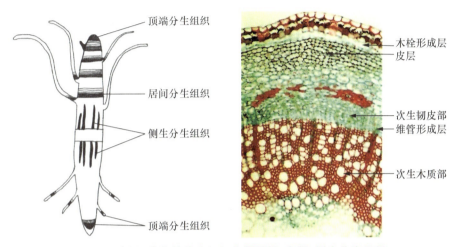

图1-9　左图:植物的分生组织位置图解;右图:侧生分生组织

(3) 根据细胞分裂的平面,分生组织可以分为块状分生组织、板状分生组织和肋状分生组织三类。

① 块状分生组织:细胞以3个或多个方向进行分裂,形成的细胞集成块状。如胚胎的早期阶段,髓和皮层的早期发育阶段都有块状分生组织的活动。

② 板状分生组织:细胞只进行2个方向的分裂,形成片状扩大。如被子植物叶片的发育过程即属此分生组织的活动。

③ 肋状分生组织:细胞只进行1个方向的分裂,形成一列细胞或柱状结构。如种子植物的幼茎和根内皮层的发育。

(三) 各类分生组织在植物个体发育中的相互关系

(1) 由各种分生组织的活动形成了植物体的复杂结构,植物体内各种组织在发育上具有相对独立性,但各组织之间也存在密切联系,它们共同协调完成植物体的生理活动。

(2) 分生组织的活动受到内外部因素的综合影响。

二、成熟组织

成熟组织也叫作永久组织,是由分生组织衍生的细胞,经过分化、生长而形成的具有一定结构和生理功能的组织,因其结构和生理功能的不同分为基本组织、输导组织、保护组织、机械组织和分泌组织。

(一) 基本组织

基本组织在植物体内分布很广,在营养器官根、茎、叶和繁殖器官花、果实、种子中均有这种组织。基本组织是植物体进行各种代谢的主要组织,光合作用、呼吸作用、贮藏作用和各类代谢物的合成与转化等均发生在这里。基本组织最主要的特点是由生活的薄壁细胞组成,所以也称为薄壁组织。基本组织在形态上一般不特化,为生活的细胞,细胞壁薄,多有细胞间隙,细胞中多有大的液泡,细胞近等径。基本组织具有很强的分生潜能,在一定条件下,很容易转化为分生组织。

基本组织一般包括基本薄壁组织、吸收组织、同化组织、贮藏组织、贮水组织、通气组织、轴向薄壁组织、吸收组织和传递组织等类型,它们担负同化、贮藏、吸收、通气、传递等功能。

1. 基本薄壁组织

多分布在根、茎等器官的内部,横切面呈圆球或多角状,长与宽的差异不明显,近乎等径,细胞内具生活的原生质体,是营养性的生活细胞。在植物体中,基本薄壁组织起填充的作用,因而也称为填充薄壁组织,如植物根、茎的皮层和髓处的薄壁组织(图 1-10 左图)。

2. 同化组织

多存在于植物体表的易受光部位,其特点是除具有薄壁组织的一般特点外,细胞含有叶绿体,能进行光合作用,也称为绿色组织。如植物叶片上、下表皮之间的叶肉细胞为同化组织(图 1-10 右图)。在植物幼嫩的部位如绿色的茎、枝条和果实的外部也常具一些同化组织,在个别具退化叶的植物[如麻黄(*Ephedra* spp.)、天门冬(*Asparagus cochinchinensis*)]茎中,其表皮下也具有数层含叶绿体的同化组织。

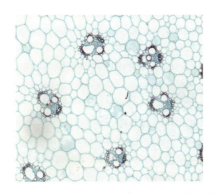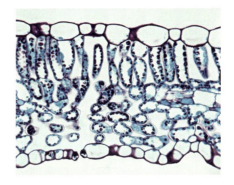

图 1-10　基本薄壁组织和同化组织

左图：玉米茎横切，示维管束周围的基本薄壁组织；右图：叶片横切，示叶肉的同化组织

3. 贮藏组织

该组织是贮存植物后含物，如淀粉粒、蛋白质颗粒、拟晶体、油滴以及其他有机物质的一种组织，主要分布在根、茎、种子和果实等器官中。在番薯的块根、马铃薯的块茎、豆类种子的子叶及谷类作物籽粒的胚乳中，贮藏组织尤为发达。贮藏组织的后含物一般以溶解状态存在于细胞液内，有的以草酸钙、碳酸钙、二氧化硅等的结晶体分布于细胞质中，还有少数以细胞壁增厚的状态存在，如柿树（*Diospyros kaki*）种子的胚乳细胞，其增厚的细胞壁就是由半纤维素形成的贮藏组织。

贮藏组织的营养物质主要供植物进一步发育或繁殖后代时使用，这在种子、块根以及块茎植物的发育中表现得尤为明显，常常在幼苗产生后，这些器官中所贮藏的物质也随之转化与分解。

4. 贮水组织

该组织是细胞中贮藏丰富水分的薄壁组织。贮水组织的细胞较大，具有一个富含水分或黏性汁液的大液泡，使得细胞质、细胞核仅呈一薄层紧贴着细胞壁。贮水组织的黏性汁液遇水可以膨胀，有增加细胞吸收与保水的能力。许多旱生的肉质植物，如仙人掌（*Opuntia stricta*）、芦荟（*Aloe vera*）、龙舌兰（*Agave americana*）、景天（*Sedum* spp.）等的光合器官中，都有这种缺乏叶绿素而充满水分的贮水组织细胞。贮水组织可以帮助植物适应沙漠、石滩等少水地区的干旱环境。

5. 通气组织

通气组织是具有大量细胞间隙的薄壁组织，多见于水生植物或湿生植物体内。如莲(*Nelumbo nucifera*)、水稻(*Oryza sativa*)、眼子菜(*Potamogeton distinctus*)的根、茎、叶中均有发达的通气组织,其细胞间隙互相贯通,形成一个通气系统,有利于气体交换和贮藏光合作用产生的氧气,并给植物提供一定的浮力和支持力(图1-11)。

图 1-11　通气组织

在通气组织中,细胞间隙的形成方式有两种:

① 裂生细胞间隙——由相邻细胞细胞壁的胞间层彼此分开或不同程度的分离而形成。叶片海绵组织中的细胞间隙属于这一类。在菖蒲(*Acorus calamus*)、灯心草(*Juncus effusus*)等水生植物及单子叶植物的茎、叶中,裂生细胞间隙较为发达。

② 溶生细胞间隙——细胞间隙主要是由于细胞在生长过程中相继毁坏、自溶,出现了大的空腔而形成。它常见于皮层及髓的囊状或管状组织,如玉米、木贼(*Equisetum hyemale*)及莎草科(Cyperaceae)植物根中的细胞间隙。

6. 轴向薄壁组织

该组织是由形成层纺锤状原始细胞经过子细胞的进一步分裂而形成的一种纵向成串排列的薄壁细胞。轴向薄壁组织细胞形体较短,横断面上呈方形或长方形,细胞壁薄,分布于维管组织中,在木质部的称为木薄壁组织,在韧皮部的称为韧皮薄壁细胞。轴向薄壁组织是树木的贮藏组织,可以贮存营养物质,供树木来年生长需要。轴向薄壁组织在针叶树中含量少或无,而在阔叶树中含量较多。不同植物的轴向薄壁组织分布方式差异较大,可作为木材鉴定的指标(图1-12)。

图 1-12　轴向薄壁组织

7. 吸收组织

吸收组织是具有吸收和传导植物体内水分、无机盐及有机养料功能的薄壁组织。如根尖（尤其是根毛区）的许多表皮细胞是吸收水分和无机盐的吸收组织。另外，禾本科植物胚的盾片与胚乳相接处的上皮细胞等，也是吸收有机养料的吸收组织，在种子萌发时，可吸取胚乳的营养供胚生长发育之需。

8. 传递组织

传递组织是一种细胞的初生壁内突生长的薄壁组织，广泛分布在短途而迅速转运营养的组织或器官，如叶片叶脉末梢、茎节部的维管束及分泌组织中。壁内突扩大了与壁紧贴在一起的细胞膜的表面积，有利于细胞间的物质运输。传递细胞的细胞质稠密，线粒体、内质网数量丰富，与相邻细胞之间有发达的胞间连丝（图 1-13）。

传递组织细胞的细胞膜与细胞壁内突是紧密结合的，无论内突生长多么不规则，细胞膜的形状始终与其轮廓完全一致。

被子植物的柱头细胞和花柱内的引导组织，胚囊中的助细胞、反足细胞和胚乳细胞，以及珠被绒毡层细胞和胚柄细胞等，都具有传递细胞的特性。

（二）输导组织

输导组织是植物体内分化为管形结构，专门运输水溶液及同化产物的组织。输导组织是高等植物特有的组织，其细胞呈长管形，细胞间以不同的方式相互联系，形成一

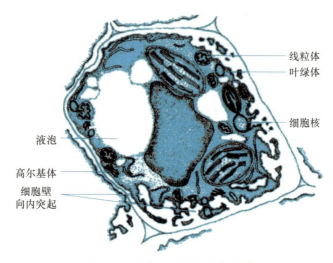

图 1-13 传递组织细胞结构示意

个连续的运输通道。输导组织根据运输物质的不同分为两类,即输导水分及无机盐的导管和管胞,以及输导溶解状态的同化产物的筛管和筛胞。

1. 导管和管胞

导管和管胞为木质部的主要成分,由它们将根从土壤中吸收的水分和无机盐运送到植物的地上部分。导管是被子植物最主要的输水组织,除少数科属[如昆栏树属(*Trochodendron*)]外,被子植物均有导管,在一些蕨类[如卷柏(*Selaginella tamariscina*)、欧洲蕨(*Pteridium aquilinum*)]和裸子植物的买麻藤(*Gnetum montanum*)中也存在导管。管胞是蕨类植物和绝大多数裸子植物唯一的输水组织,同时也兼有支持作用。在有些被子植物或被子植物的某些器官中,管胞和导管可以同时存在,但管胞不是主要的输导组织。

(1) 导管

导管由多个纵向伸长的管状细胞连接而成,每个管状细胞称为导管分子。每一根导管的长度由几厘米到 1 米不等,有的藤本植物导管可达数米。导管的直径也随植物种类与发育阶段而异。导管直径越大,输导水分的效率越高。

导管分子都是长管状的死细胞,有很厚的木质化的次生壁,由于次生壁增厚不均匀,在侧壁上出现环纹、螺纹、梯纹、网纹和孔纹等各种式样,根据侧壁加厚的方式,导管可以分成环纹、螺纹、梯纹、网纹、孔纹等类型(图 1-14)。

① 环纹导管:增厚部分呈环状,导管直径较小,存在于植物幼嫩器官中。

② 螺纹导管:增厚部分呈螺旋状,导管直径一般较小,多存在于植物幼嫩器官中。

③ 梯纹导管:增厚部分与未增厚部分间隔呈梯形,多存在于成长器官中。

④ 网纹导管:增厚部分呈网状,网孔是未增厚的细胞壁,导管直径较大,多存在于器官成熟部分。

⑤ 孔纹导管:细胞壁绝大部分已增厚,未增厚处为单纹孔或具缘纹孔,前者为单纹孔导管,后者为具缘纹孔导管,导管直径较大,多存在于器官成熟部分。

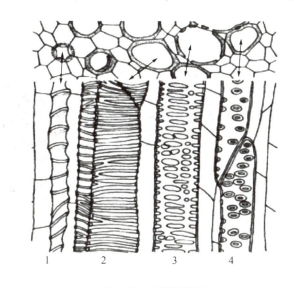

图 1-14 导管的类型
1. 环纹导管;2. 梯纹导管;3. 网纹导管;4. 孔纹导管

导管分子在发育初期是生活的薄壁细胞,在成熟过程中细胞的次生壁不均匀加厚,细胞壁木质化,纵行排列的导管分子间的横壁溶解形成穿孔,成为无原生质体存在的死细胞(图 1-15)。

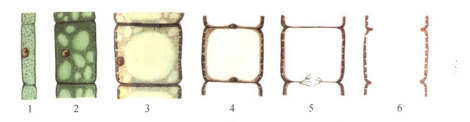

图 1-15　导管的发育过程

1. 导管细胞发育初期；2. 细胞长大；3. 次生壁产生和加厚，纹孔形成；4—5. 端壁开始溶解，原生质体减少；6. 端壁穿孔，原生质体消失

若导管分子端壁只有一个大的孔穴称为单穿孔；若由数个孔穴组成，则称为复穿孔。具有穿孔的端壁，称为穿孔板（图 1-16）。

图 1-16　导管端壁的穿孔（左图：单穿孔，中图：梯状穿孔板；右图：网状穿孔板）

（2）管胞

管胞是单个两端尖斜的长形死细胞，端壁不形成穿孔，侧壁的细胞壁木质化加厚形成纹孔，以梯纹及具缘纹孔较为多见。管胞以偏斜的两端互相穿插而连接并集合成群，依靠侧壁的纹孔运输水分。管胞不仅有输导水分的作用，还有机械支持作用，其输水效率低于导管。

管胞的侧壁具有环纹、螺纹、梯纹、网纹、孔纹等类型加厚的木质化次生壁。根据侧壁加厚的方式，管胞可以分成环纹、螺纹、梯纹、网纹、孔纹等类型（图 1-17）。

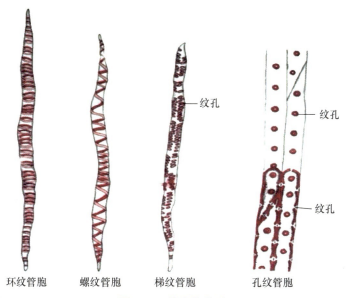

图 1-17　管胞的类型

2. 筛管和筛胞

筛管和筛胞为韧皮部的输导组织,由它们承担着由上而下或各个方向运输有机物质的功能。

（1）筛管

筛管是一连串具有运输营养物质能力的细胞的总称。每一个单独的细胞称为筛管分子,它们以顶端对顶端的方式连接。筛管分子为长形的生活细胞,无细胞核,细胞质中出现多种存在形式的韧皮蛋白（P 蛋白）;筛管细胞仅具纤维素增厚的初生壁,其内侧常因富含果胶质而呈现珍珠光泽,特称珠光壁。

每个筛管分子的一侧往往有一个或几个与其有共同起源的细胞,称为伴胞,其功能与筛管运输物质有关。伴胞是液泡化的细胞,细胞质浓厚,细胞核明显,细胞器非常发达,膜系统发达,以稠密的胞间连丝与筛管分子相连通。有些伴胞的细胞壁向胞腔内突起,成为传递细胞。伴胞为被子植物所特有,在蕨类及裸子植物中则不存在。

筛管分子细胞壁的端壁及部分侧壁上有许多小孔,称为**筛孔**。两个筛管分子的原生质通过筛孔彼此相连形成联络索,使纵向连接的筛管分子相互贯通,形成运输同化产物的通道。

筛孔通常聚集于稍凹的区域形成**筛域**,在筛管分子端壁上的筛域有一定程度的特化,孔径较大,联络索较粗,称作**筛板**(图1-18)。在端壁上仅有一个筛域的为单筛板,由几个筛域组成的为复筛板。

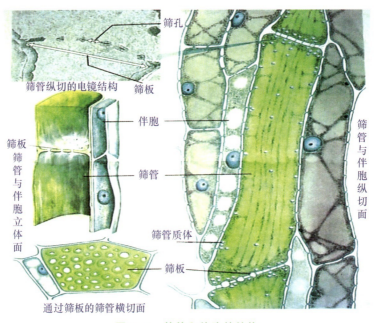

图1-18 筛管和伴胞的结构

从系统演化和生理适应方面来看,具近于横向的单筛板和联络索少而粗的粗短筛管分子较为进化,更有利于输导养料。

一般植物的筛管只有一个生长季保持输导活力,少数植物,如葡萄(*Vitis vinifera*)、椴树(*Tilia tuan*)的筛管可保持活力二至多年,而一些多年生单子叶植物,筛管可长期行使其功能。筛管分子衰亡后输导功能不再恢复,继而被新的具有活力的筛管分子代替。

随着发育,筛管分子在筛孔的四周,围绕联络索积累胼胝质。胼胝质是一种糖类,水解时产生葡萄糖和糖醛酸,它们在筛孔之间的端壁上逐渐积累加厚,联络索则相应变细。当筛管分子进入休眠或衰亡时,胼胝质已呈垫状沉积在整个筛板上,称为胼胝体。只是暂时处于休眠状态的筛管分子,在次年春季来临时再行恢复活动,胼胝体消溶,联络索重新出现。

(2) 筛胞

筛胞是比筛管分子原始的细胞,在大多数低等维管植物及裸子植物中只有筛胞。同管胞一样,筛胞具有输导与机械支持双重作用,具有如下特点:

① 筛胞为单个细胞,其端壁不特化为筛板;

② 筛胞侧壁上虽有筛域,但筛域上原生质丝通过的孔要比筛板的孔细小,并且其旁侧也无伴胞存在;

③ 筛胞细胞为无细胞核的活细胞,不像筛管分子那样上下直接相连,而是互相重叠而生的。筛胞的输导功能远不如筛管。

(三) 保护组织

保护组织是覆盖于植物体表起保护作用的组织,由一层或数层细胞构成,其功能主要是避免水分过度散失,调节植物与环境的气体交换,抵御外界风雨和病虫害的侵袭,防止机械或化学损伤。保护组织根据来源和形态结构的不同分为表皮和周皮两类。

1. 表皮

表皮分布于植物根、茎、叶、花和果实等幼嫩器官的表面,属于初生保护组织,由初生分生组织的原表皮发育而来。表皮一般仅一层细胞,主要由不含叶绿体的无色扁平表皮细胞组成。表皮细胞排列紧密,表皮细胞外壁较厚,外壁外面一般还有一层角质层,使表皮具有高度不透水性,有效地减少了体内水分的散失,并且在防止病菌入侵和增加机械支持能力方面,也有一定的作用。

在一些表皮细胞间,往往还存在一些其他类型的细胞,如构成气孔的保卫细胞和副卫细胞、表皮毛等(图1-19)。

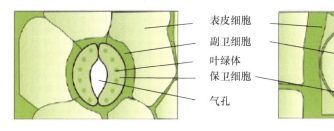

图 1-19 表皮细胞的气孔

2. 周皮

有些双子叶植物和裸子植物的根和茎可以加粗,在加粗过程中破坏了表皮,在表皮内侧可产生新的保护组织,这种保护组织称为周皮。周皮具有控制水分散失,防止病虫害以及外界因素对植物体内部组织造成机械损伤的功能。

周皮是一种次生保护组织,由外向内包括木栓层、木栓形成层和栓内层三部分。其中,里面的木栓形成层和栓内层为生活的细胞,多为一层;外面的木栓层由多层排列紧密的死细胞组成,细胞壁栓质化,细胞腔内充满空气。因此,木栓层不透水、不透气并有弹性。

当植物的某一部分(如叶)脱落后,可沿着暴露的表面发育出周皮;当植物体受伤后,也可在暴露的表面产生周皮,这种周皮称为创伤周皮。

(四)机械组织

机械组织是在植物体内起机械支持作用的组织。机械组织具有很强的抗压、抗张和抗曲挠的能力,细胞多为细长形,细胞壁局部或全部加厚。

根据细胞结构的不同,机械组织分为厚角组织和厚壁组织两类(图1-20)。

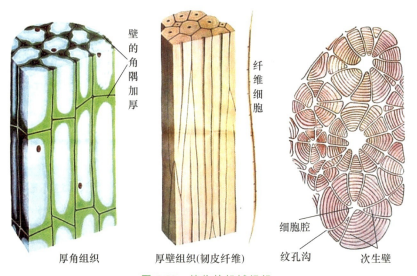

图1-20 植物的机械组织

1. 厚角组织

厚角组织为长梭状的生活细胞,内含叶绿体,细胞壁不均匀加厚,为初生壁加厚,具有可塑性和延伸性,既可以支持器官的直立,又适应于器官的迅速生长,厚角组织普遍存在于幼茎和叶柄等正在生长或经常摆动的器官之中,一般多位于伸展器官的纵轴上,往往在靠近表面的地方,连续成圆筒或成束存在并上下相接,具有机械支持的作用。厚角组织的细胞壁除纤维素外,还含有大量的果胶质和半纤维素。光镜下厚角组织的增厚壁显示特殊的珠光,易与其他组织相区别,酒精脱水会使厚角组织壁变薄,同时珠光也消失。厚角组织具有潜在的分裂能力,可参与木栓形成层的形成。

根据细胞壁加厚的形式,厚角组织可以分为三类(图1-21):

① 角隅厚角组织:细胞壁仅在细胞的角隅或者相对的两壁上加厚,如南瓜(*Cucurbita moschata*)茎、芹菜(*Apium graveolens*)叶柄。

② 板状厚角组织:细胞壁在内、外弦切壁上加厚,如地榆(*Sanguisorba officinalis*)、丁香(*Syringa* spp.)的幼茎。

③ 腔隙厚角组织:细胞壁在靠近胞间隙处形成一种特殊的加厚,如莴苣(*Lactuca sativa*)的茎。

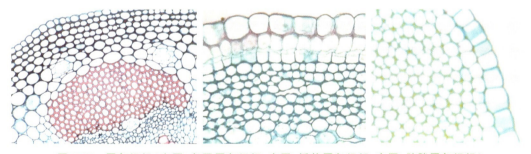

图1-21 厚角组织(左图:角隅厚角组织,中图:板状厚角组织,右图:腔隙厚角组织)

2. 厚壁组织

厚壁组织细胞具有次生壁加厚,壁全面增厚,并可有层纹和纹孔,细胞腔很小,为无生命的死细胞,具有机械支持的作用。厚壁组织根据形状分为纤维和石细胞两类(图1-22)。

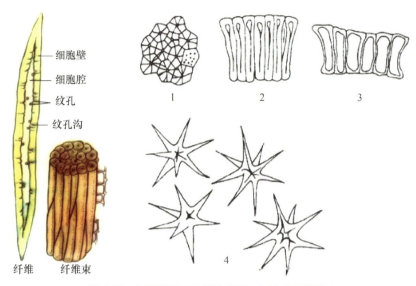

图 1-22 厚壁组织（左图为纤维；右图为石细胞）
1. 短石细胞；2. 长石细胞；3. 骨状石细胞；4. 星状石细胞

（1）纤维

纤维为两端尖锐的长梭形细胞，成束存在，并以尖锐末端相互穿插连接，形成器官内的坚强支柱。纤维广泛分布于植物的根、茎、叶，也可在某些植物果实中，如丝瓜（*Luffa cylindrica*）的丝瓜络。纤维细胞壁主要由纤维素和木质素组成，纹孔数量较少，常呈裂隙状。纤维根据在植物体的位置，可分为木质部纤维和韧皮部纤维两类（表 1-2）。

表 1-2　木质部纤维和韧皮部纤维的区别

	长度	细胞腔	纹孔	结构
木质部纤维	较短，也可很长	较大	较多，易见，多式纹孔	多木质化
韧皮部纤维	较长（初生较长，次生较短）	较小	稀少，裂隙状	纤维化或木质化

① 木质部纤维

一般分布于木质部中。次生壁木质化强烈增厚，细胞坚硬而无弹性，脆而易断。从系统演化看，木纤维是由低等维管植物的管胞演化而来的，它们从管胞演化时，壁增厚，具缘纹孔逐渐变小变少，最后演化成单纹孔。木纤维可以分为管胞、纤维管胞、典型木纤维、分隔纤维等类型。

❖ 管胞:壁薄,腔大,具典型的具缘纹孔,数目多,长度较小。

❖ 纤维管胞:是从典型的管胞至典型木纤维的过渡类型,壁增厚,腔减小,具不典型的具缘纹孔,数目减少,细胞长度增加,纹孔口长度通常超过纹孔室直径。

❖ 典型木纤维:细胞壁厚,细胞腔窄小,单纹孔,数目少,细胞长。因典型木纤维与韧皮纤维相似,故又称为韧型纤维。

❖ 分隔纤维:纤维管胞与韧型纤维都可能具有分隔,它们是在次生壁沉积以后形成的,如金丝桃(*Hypericum monogynum*)、姜(*Zingiber officinale*)等。分隔纤维通常贮藏丰富的淀粉、油类或树脂。

② 韧皮部纤维

一般分布于韧皮部中,有时将木质部外的纤维统称为韧皮部纤维。次生壁强烈增厚,细胞坚韧而有弹性,具有很强的抗曲挠能力和支持作用。韧皮部纤维可以分为皮层纤维、维管束帽或鞘纤维、周围纤维、初生韧皮纤维和韧皮纤维等类型。

❖ 皮层纤维:是许多单子叶植物茎的基本组织中的纤维,由基本组织发生。

❖ 维管束帽或鞘纤维:纤维形成帽状或鞘状,包围维管束,这些纤维有的来自形成层,有的来自基本组织。

❖ 周围纤维(环管纤维):有些藤本[南瓜、马兜铃(*Aristolochia debilis*)]皮层内侧有成环的纤维,它们大都发生于韧皮部的外侧。

❖ 初生韧皮纤维:位于韧皮部外侧,不成环,从韧皮部起源。

❖ 韧皮纤维:位于韧皮部(初生韧皮部或次生韧皮部)的纤维。

(2) 石细胞

主要分布在基本组织中,如皮层和髓,在果实和种子以及一些热带植物的叶片上也往往含有各种石细胞。石细胞的细胞壁极度增厚,并且木质化、栓质化或角质化,增厚的细胞壁上具有许多纹孔形成的孔道,称为纹孔道。石细胞一般来源于细胞壁强烈增厚的薄壁细胞。

石细胞的形状多样,长度一般不超过宽度的 3~4 倍,常见的为近等径的多面体。在器官中,石细胞成群而生,具有增加器官硬度和支持的作用。

(五) 分泌组织

分泌组织是植物体内可以分泌特殊物质的细胞组成的组织,根据分泌物保留在植物体内部还是分泌到体外,分为外部的分泌组织和内部的分泌组织。

1. 外部的分泌组织

可以分泌各种各样物质到植物体表面的组织,结构相对简单,包括腺毛、蜜腺和排水器三类。

(1) 腺毛

表皮毛中具有分泌结构的一些毛状体,可分泌油类、脂类、黏液、盐分等物质。多存在于茎、叶、芽鳞、子房等部位,花萼、花冠上也可存在。

(2) 蜜腺

分泌糖液的腺体结构,分为花蜜腺和花外蜜腺两种(图1-23)。蜜腺细胞的细胞质浓厚,细胞壁薄,角质层无或很薄。蜜腺下常有维管组织,蜜液通过角质层扩散或经腺体上表皮的气孔排出体外。

(3) 排水器

在叶片边缘的凹入或叶片顶端,将叶内部水分排出体外的结构。排水器由水孔、通水组织以及与它们相连的维管束的末端管胞组成。水孔是表皮上由两个保卫细胞包围的孔隙,一般已丧失控制开闭的能力。每个排水器有一个或几个水孔,其数目对某一种植物往往是恒定的。通水组织是水孔下方不含叶绿体的薄壁组织,细胞排列疏松。

图1-23 蜜腺(左图:花蜜腺;右图:花外蜜腺)

2. 内部的分泌组织

存在于植物体内的分泌组织,其分泌物贮藏在细胞内或细胞间隙中。按其组成、形状和分泌物的不同,可分为分泌细胞、分泌道、乳汁管等。

(1) 分泌细胞

单个散生在植物体内部含有各种分泌物质(如单宁、黏液、结晶、树脂等)的细胞,也称为异细胞。通常分泌细胞也以所含分泌物命名,如肉桂(*Cinnamomum cassia*)、姜的分泌细胞贮存挥发油,称为油细胞;半夏(*Pinellia ternata*)、玉竹(*Polygonatum odoratum*)的分泌细胞贮存黏液,称为黏液细胞。分泌细胞在充满分泌物后,即成为死亡的贮藏细胞。

(2) 分泌道

由多个分泌细胞形成的贮藏有分泌物的管道。分泌道顺轴分布于器官中,横切面呈类圆形,纵切面则呈管状。分泌道中的分泌物由管道周围的上皮细胞产生。如分泌物是树脂,称为树脂道(如松茎);如分泌物是挥发油,称为油管[如茴香(*Foeniculum vulgare*)];如分泌物是树胶,称为树胶管[如漆树(*Toxicodendron* spp.)](图 1-24)。

分泌道的形成有两种方式:

① 裂生分泌道:由细胞壁中层溶解,细胞相互分开形成。分泌物贮存在裂生的细胞间隙中(图 1-25)。

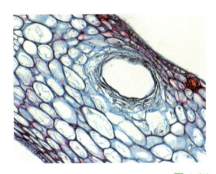 

图 1-24 分泌道横切

左图:橘皮中的分泌道;右图:松针中的树脂道

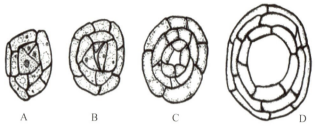

图 1-25 裂生分泌道形成示意

A. 分泌道中央细胞早期;B. 中央细胞中层溶解,胞间隙形成;C. 胞间隙进一步扩大;D. 成熟分泌道

② 溶生分泌道:在细胞解体后形成,分泌物贮存在细胞被溶解而形成的细胞间隙中(图 1-26)。

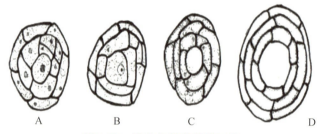

图 1-26 溶生分泌道形成示意

A. 早期的分泌细胞;B. 分泌细胞分化期;C. 分泌道中央大细胞发生自溶破毁,形成腔隙;D. 成熟分泌道

(3)乳汁管

含有乳汁的单个或一系列细胞组成的结构。与分泌道分泌的物质主要贮存在分泌管中不同,乳汁管分泌的乳汁主要贮存在乳细胞内。乳汁管可以分为无节乳汁管[如大戟(*Euphorbia pekinensis*)]和有节乳汁管[如橡胶树(*Hevea brasiliensis*)、莴苣]。

① 无节乳汁管:由单个乳细胞构成的乳汁管。无节乳汁管的乳细胞可随器官长大而伸长,贯穿在整个植物体中。有些乳细胞不产生分支,如大麻(*Cannabis sativa*);有些乳细胞在发育过程中,细胞核进行分裂,但细胞质不分裂而形成多核细胞,因而常有分支,如大戟、夹竹桃(*Nerium indicum*)。有的植物[如欧洲夹竹桃(*Nerium oleander*)]含有多个乳细胞,但它们彼此各成独立单位而不相连。

② 有节乳汁管：由一系列管状乳细胞相互连接构成的乳汁管。有节乳汁管的乳细胞连接处细胞壁溶解贯通成为管状结构，乳汁可以互相流动。菊科（Asteraceae）、罂粟科（Papaveraceae）、芭蕉科（Musaceae）、旋花科（Convolvulaceae）植物的乳汁管为有节乳汁管。

乳汁大多是白色的，但也有黄色的，如白屈菜（*Chelidonium majus*）。乳汁管中乳汁的成分很复杂，如橡胶树、橡胶草（*Taraxacum koksaghyz*）所分泌的乳汁是橡胶工业的重要植物资源；有些植物的乳汁可供药用，如罂粟（*Papaver somniferum*）的乳汁含有多种生物碱；有些植物的乳汁还含有蛋白质、淀粉、糖类、酶、单宁等物质，具有一定的经济价值。

三、复合组织和组织系统

在植物个体发育中，由同种类型细胞构成的组织称为简单组织，如分生组织、薄壁组织等。由形态、结构均不相同的多种细胞构成，能完成某种或多种功能的组织称为复合组织，如表皮、周皮、木质部、韧皮部和维管束等。

组织系统是指植物器官或植物体中，由一些复合组织进一步在结构和功能上组成的复合单位。

维管植物的主要组织可以归并为以下三种组织系统：

（1）皮组织系统

包括表皮和周皮，它们覆盖于植物体的表面，形成一个包裹植物体的连续的保护层。

（2）基本组织系统

包括各类薄壁组织、厚角组织和厚壁组织，它们是植物体各部分的基本组成。

（3）维管组织系统

包括输导同化产物的韧皮部和输导水分与无机盐的木质部，主要由输导组织及其周围的机械支持组织组成，是贯穿于整个植株，与体内物质的运输、支持有关和巩固植物体的组织系统。

植物整体的结构表现为维管组织系统包埋于基本组织系统之中，而其表面又被皮组织系统覆盖。植物各个器官结构的变化，除表皮或周皮始终包被在最外层之外，主要表现在维管组织系统和基本组织系统的结构组成和相对分布上的差异。

第二章 植物的营养器官

植物的器官可分为营养器官及繁殖器官两类。其中，根、茎和叶属于营养器官，花、果实和种子属于繁殖器官。营养器官主要执行养料和水分的吸收、运输、转化、合成等功能，一些植物的营养器官也可进行无性繁殖（也称为营养繁殖）。

第一节 茎

茎是植物体地上部分联系根、叶和繁殖器官的营养器官，在其上着生叶、花和果实，少数植物的茎生于地下。在系统演化上，茎先于根和叶出现，是植物最先产生的器官。茎具有运输水分、无机盐类和营养物质到植物体的各部分去，支持植物体枝、叶、花和果实并安排其在一定的空间，有利于光合作用、开花、传粉以及果实、种子的散布等功能。此外，有些茎还有贮存养料和繁殖的功能。

一、茎的形态

1. 茎的外形

茎上叶着生的部位称为**节**，两节之间的部分称为**节间**。在茎的顶端和节上叶腋处都生有**芽**，当叶子脱落后，在节上留有的痕迹称为**叶痕**（图 2-1A）。

多数植物的节不明显，只是叶着生的部位稍为膨大。少数植物的节非常明显，如玉米、毛竹（*Phyllostachys heterocycla*）等禾本科植物和蓼科（Polygonaceae）植物的节呈膨大的一圈,而睡莲科(Nymphaeaceae)植物地下茎(如藕)的节明显比节间缩小。

节间的长短随植物种类的不同有较大差异。有的植物节间比较长,如葡萄、瓜类的节间可长达30~40 cm;有的比较短,如蒲公英(*Taraxacum mongolicum*)的节间不到1 mm。有些木本植物同一植株上有两种枝条,一种节间较短称为短枝,另一种节间较长称为长枝。在果树上往往只有短枝上开花结果,所以其短枝也称为果枝。草本植物的茎木质成分较少,而木本植物的茎木质化程度高。横切面上,茎多为圆形,少数植物为其他形状,如三角形(莎草科)、四边形[唇形科(Lamiaceae)]和扁圆形[仙人掌科(Cactaceae)]等。

茎的尖端称为茎尖,由分生组织构成,具有无限生长的特性。在木本植物的茎上还可看到芽鳞痕(图2-1B),这是每年芽展开时芽鳞脱落留下的痕迹,根据芽鳞痕可以判断枝条的年龄。

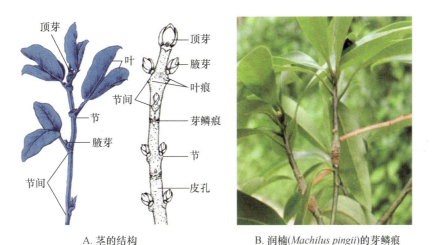

A. 茎的结构　　B. 润楠(*Machilus pingii*)的芽鳞痕

图2-1　茎的外形

2. 芽

芽着生在节的叶腋处,是枝条或花的雏形,展开后可形成枝条或花。

(1) 芽的类型

① 根据芽的位置可以分为顶芽、腋芽和定芽、不定芽。

顶芽指着生在主干或侧枝顶端的芽；腋芽指着生在主干或侧枝侧面的叶腋处的芽，也称为侧芽。

定芽指生长在枝条上固定着生位置的芽，如顶芽和腋芽；而不定芽是指从老茎的节部、老根和叶片上产生的芽，如桑（*Morus alba*）和柳（*Salix* spp.）等植物的老茎、洋槐（*Robinia pseudoacacia*）的根、落地生根（*Bryophyllum pinnatum*）的叶片等均可形成不定芽。一些植物受伤后可在伤口附近产生不定芽，例如秋海棠（*Begonia grandis*）的叶伤口上、砍伐后的柳树桩上均可产生不定芽。在生产实践中，常利用这些植物的叶或根容易产生不定芽的特点，进行大量的繁殖。

② 根据芽的性质分为枝芽、花芽、混合芽

展开后可形成茎和叶的芽称为枝芽，如榆树（*Ulmus pumila*）的芽；展开后形成花或花序的芽称为花芽，如玉兰（*Magnolia denudata*）的花芽；展开后形成枝叶和花的芽称为混合芽，如苹果（*Malus pumila*）、海棠（*Malus spectabilis*）的芽（图 2-2）。

枝芽

花芽

混合芽

图 2-2　枝芽、花芽和混合芽

③ 根据芽结构的不同分为鳞芽和裸芽

外面有鳞片包被的芽称为鳞芽。鳞芽的鳞片上常有角质和毛茸，有的甚至还分泌树脂，对芽的过冬起保护作用。温带及寒带地区木本植物的芽多为鳞芽，如杨树（*Populus* spp.）、松树（*Pinus* spp.）等都具鳞芽。外面仅为幼叶包裹而无鳞片的芽称为裸芽，生长在湿润的热带地区的木本植物及温带地区的草本植物的芽多为裸芽，如枫杨（*Pterocarya stenoptera*）和胡桃（*Juglans regia*）的雄花芽（图 2-3）。

第二章 植物的营养器官

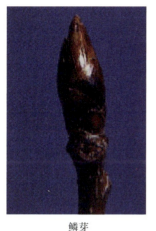
鳞芽

展开的鳞芽

裸芽

图 2-3 鳞芽和裸芽

④ 根据芽的生理状态可以分为活动芽和休眠芽

一株植物上的芽,通常在生长过程中只有顶端几个芽(顶芽及近顶端的几个腋芽)开放形成枝条或花,这类芽称为活动芽;其他处于不活动状态的芽,称为休眠芽。休眠芽可能以后会伸展开放,也可能在植物的一生中,始终处于休眠状态而不会形成活动芽。

(2) 芽的结构

芽是未发育的枝条、花或花序的原始体,主要由幼叶、叶原基、幼芽原基、生长锥和芽轴组成(图 2-4)。幼叶是生长锥周围的大型突起,将来发育为成熟的叶;叶原基是生长锥周围的一些小突起,是叶的原始体;幼芽原基是生长在幼叶腋内的突起,将来形成芽;生长锥是中央顶端的分生组织,又名生长点;芽轴指中央轴,芽的各部分均着生其上,是未发育的茎。

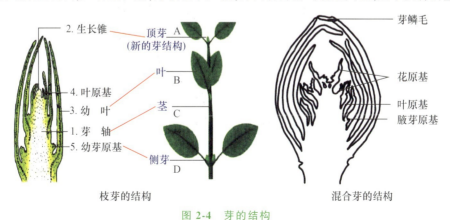

图 2-4 芽的结构

3. 茎的类型

(1) 直立茎

茎明显地背地生长,茎干垂直地面,直立空间,大多数植物的茎属于此类(图2-5)。

(2) 攀援茎

茎细长柔软,不能直立,必须借他物为支柱,才能向上生长,这种茎上常常发育出适应的结构,用以攀援(图2-6)。如葡萄、黄瓜(*Cucumis sativus*)、豌豆(*Pisum sativum*)的卷须,爬墙虎(*Parthenocissus tricuspidata*)的吸盘,葎草(*Humulus scandens*)的钩刺等。

图2-5 水青冈(*Fagus longipetiolata*)的直立茎

图2-6 爬墙虎和黄瓜的攀援茎

(3) 缠绕茎

茎细长柔软,不能直立,茎本身缠绕他物上升(图2-7)。如牵牛(*Pharbitis nil*)、紫藤(*Wisteria sinensis*)等的茎。

牵牛的草本缠绕茎

紫藤的木本缠绕茎

图 2-7　缠绕茎

（4）匍匐茎(平卧茎)

茎细长柔弱，平卧地面，向四面生长。一般将节间较长，节上能产生不定根的茎称匍匐茎，如蛇莓(*Duchesnea indica*)、番薯、狗牙根(*Cynodon dactylon*)等；将节上不产生不定根的茎称平卧茎，如蒺藜(*Tribulus terrester*)、马齿苋(*Portulaca oleracea*)等（图2-8）。

草莓(*Fragaria × ananassa*)的匍匐茎

蒺藜的平卧茎

马齿苋的平卧茎

图 2-8　匍匐茎和平卧茎

4. 茎的分枝

（1）二叉分枝

茎分枝时，顶端分生组织平分为两半，每一半都形成一样的分枝，并且在一定的时候，又进行同样的分枝，因此分枝系统呈叉状，多见于低等植物和苔藓、蕨类植物（图2-9）。

松叶兰(*Holcoglossum quasipinifolium*)　　　　叉干棕(*Hyphaene compressa*)

图 2-9　二叉分枝

（2）单轴分枝

植物主茎的顶芽不断向上生长，形成主干，同时侧芽也发展成为侧枝，侧枝又以同样的方式形成次级侧枝，但侧枝的生长均不超过主茎，因此分枝系统有明显的主轴。多见于裸子植物和加拿大杨(*Populus × canadensis*)等被子植物（图 2-10）。

银杏(*Ginkgo biloba*)　　　　兴安落叶松(*Larix gmelinii*)

图 2-10　单轴分枝

（3）合轴分枝

顶芽发育到一定时候就死亡，或者生长极慢，而位于顶芽下面的侧芽取而代之，继续发育，形成强的侧枝，连接在原来的主轴上，以后这种侧枝上的主芽又停止发育，又由它下面的侧芽来取代,这样就形成弯曲的主轴,这种分枝方式称为合轴分枝,如桃树、柿树、国槐(*Styphnolobium japonicum*)等(图 2-11)。合轴分枝是被子植物主要的分枝方式,合轴分枝使树枝有更大的开展性,顶芽的依次死亡是较为演化的适应性状。有些植物,如茶树(*Camellia sinensis*)和一些树木,在幼年时为单轴分枝,成年时又出现合轴分枝。

桃树

柿树

国槐

图 2-11 合轴分枝

(4)假二叉分枝

植物的顶芽生长缓慢,在近顶芽下面的两个对生腋芽生长迅速,形成两个外形相同的分枝,从外表看和二叉分枝相似,如丁香、麦瓶草(*Silene conoidea*)等(图 2-12)。假二叉分枝实际上是合轴分枝的一种形式。

丁香

麦瓶草

图 2-12 假二叉分枝

二叉分枝是比较原始的分枝方式,单轴分枝在蕨类植物和裸子植物中占优势,合轴分枝(包括假二叉分支)是被子植物的主要分枝方式(图2-13)。

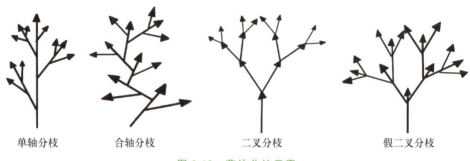

图 2-13　茎的分枝示意

二、茎的结构

(一)双子叶植物茎的结构

1. 初生结构

茎顶端初生分生组织细胞分裂、生长和分化的过程称为茎的初生生长,茎初生生长形成的组织组成了茎的初生结构。

茎的初生结构由外向内可以分为表皮、皮层、维管柱和髓四个部分(图2-14)。

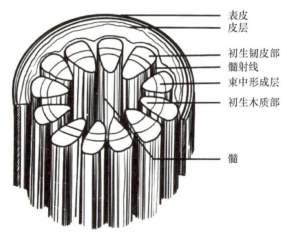

图 2-14　双子叶植物茎初生结构的立体图解

(1) 表皮

茎表皮位于茎的表面,具有保护作用,属于保护组织。茎表皮多由一层排列紧密的细胞组成,细胞一般呈砖形,其长径与茎的纵轴平行。表皮细胞是生活细胞,但一般不含有叶绿体。茎的表皮细胞外壁角质化并形成角质层,有的细胞在角质层上还附有蜡被。在表皮上有气孔和表皮毛等结构。气孔是保卫细胞之间形成的孔道,是气体进出植物体的通道;表皮毛是由表皮细胞分化而成的,一般具有加强保护的功能,其形状与结构随植物种类不同差异较大。

(2) 皮层

皮层由基本分生组织分化而来,位于表皮与维管柱之间。皮层由多层细胞构成,细胞排列疏松,有胞间隙,靠近外方的皮层薄壁细胞常含有叶绿体,因而幼茎常呈绿色。茎的皮层中常具有厚角组织,具有机械支持作用,它们多成束出现,使茎显出棱角。

有些植物茎的皮层中有乳汁管(如番薯)、分泌道[如棉花、向日葵(*Helianthus annuus*)]及其他分泌结构;有些植物的皮层则形成了胞间隙很发达的通气系统(如水生植物);还有些植物的皮层细胞中含有各种结晶和单宁细胞。

一般茎的皮层中没有内皮层,有些植物[如南瓜、蚕豆(*Vicia faba*)等]皮层的最内层细胞中含有许多淀粉粒,因而也将该层称为淀粉层或淀粉鞘。

(3) 维管柱

由初生木质部、形成层、初生韧皮部三部分组成。初生韧皮部和初生木质部之间为形成层。

初生韧皮部是由筛管、伴胞、韧皮纤维和韧皮薄壁细胞组成的一种复合组织,质地较韧,主要运输有机养料。初生木质部由导管、管胞、木纤维、木薄壁细胞组成,主要输导水分和矿物质。

初生韧皮部和初生木质部中含有纤维和薄壁组织细胞,但没有射线,所以不构成轴向系统和径向系统。在双子叶植物的茎中,初生木质部和初生韧皮部结合成束状,即为维管束。在茎的维管束之间有薄壁组织,称为髓射线。

双子叶植物茎的维管束,在初生韧皮部和初生木质部之间有形成层存在,能继续增生长大,所以称为无限维管束(开放型维管束)。多数双子叶植物茎的维管束为初生韧皮部在外侧、初生木质部在内侧的外韧维管束（图 2-15），而在葫芦科（Cucurbitaceae）、茄科（Solanaceae）、夹竹桃科（Apocynaceae）的植物茎中，初生木质部的内外两侧都有初生韧皮部，称为双韧维管束（图 2-16）。此外，双子叶植物茎的维管束还有周韧维管束和周木维管束等类型（图 2-17）。

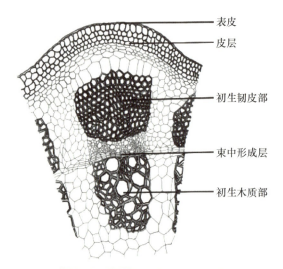
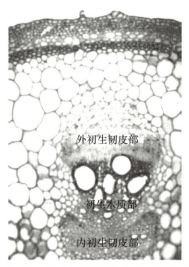

图 2-15 苜蓿（*Medicago sativa*）茎横切面，示外韧维管束

图 2-16 南瓜茎横切面，示双韧维管束

图 2-17 维管束类型示意（仿赵桂仿，改绘）

图中黑色部分代表初生木质部，散点部分代表初生韧皮部，从左到右依次为：外韧维管束，双韧维管束，周木维管束，周韧维管束

（4）髓

髓位于茎的中心，一般由薄壁组织组成。髓细胞体积较大，具胞间隙，多含有贮藏

物质(图 2-18)。少数植物的髓细胞含有叶绿体,还有些植物髓中含有石细胞。髓除贮藏作用以外,还具有横向输导的作用。一些湿生和水生植物茎的髓常常特化为中空状的通气组织,称为髓腔,具有抵抗水生环境的机械压力和帮助通气的作用。

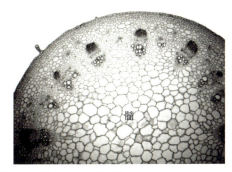

图 2-18 双子叶植物茎中髓的结构

2. 次生结构

大多数双子叶植物茎完成初生生长后,由于次生分生组织的活动,使茎不断增粗,这种增粗生长称为次生生长,次生生长所形成的组织组成了次生结构。次生结构具增强植物体的支持、输导和贮藏等功能。在植物演化过程中,次生生长对种子植物征服陆地起了重要作用。

(1) 维管柱

由次生木质部、维管形成层、次生韧皮部组成。随着年龄的增长,次生木质部在维管柱中的比例不断增加,成为多年生茎的主要部分。

① 次生木质部

次生木质部在维管形成层以内,由导管分子(少数原始双子叶植物中为管胞)、木纤维细胞、木薄壁细胞、木射线细胞组成。

在双子叶植物次生木质部中,较原始导管分子中的穿孔板是梯状的,有许多横隔,导管分子壁上的纹孔为梯状排列;特化的导管分子横隔数目减少,最后全部消失成为单穿孔,导管分子壁上的纹孔排列变为对列或互列;导管分子的形状则随着演化持续变短、变粗,末端由较尖变得较不倾斜,及至成为横向的端壁。木纤维的演化是向着细胞壁的增厚和直径减小的方向进行的。

② 次生韧皮部

次生韧皮部位于木质部的外面，由筛管、伴胞、韧皮纤维、韧皮薄壁细胞、韧皮射线细胞组成。次生韧皮部的筛管通常只有1~2年的输导能力，随后由于在筛管的筛板上形成胼胝体，筛孔被堵塞而失去输导作用。随着次生生长的继续进行，远离形成层的早期产生的次生韧皮部，受到里面木质部增大的压力也越来越大，筛管和一些薄壁细胞逐渐被挤毁。当木栓形成层在次生韧皮部形成后，木栓形成层以外的韧皮部就成为干死的组织而参与树皮的形成。

③ 维管射线

维管射线是茎次生结构中径向排列的薄壁组织，又称为径向薄壁组织。在横切面上呈辐射状排列；在切向切面上呈纵线或纺锤形；而在径向切面上呈不同高度的线状或片状排列。通常将一个维管射线在弦切面上具有二个至多个细胞宽度的称为多列射线，只有一个细胞宽度的称为单列射线（图 2-19）。木射线也可聚合成群，形成聚合射线。

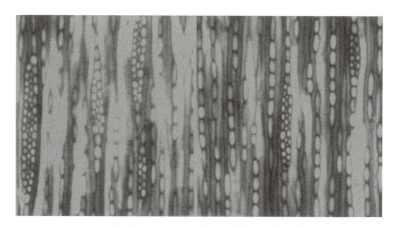

图 2-19　水青冈的单列射线和多列射线

组成维管射线的薄壁组织细胞，依据细胞最长轴方向的不同，可分为径向伸长的横卧细胞，以及方形或沿纵向伸长的直立细胞两种类型。通常将同一种类型细胞组成的射线或仅由射线薄壁组织细胞组成的射线称为同型射线，将不同类型的薄壁组织细胞组成的射线或由木薄壁组织细胞和射线管胞构成的射线称异型射线。一般说来，异型射线是原始的；同型射线是比较进化的。

髓射线和维管射线都是由横切面上放射状排列的薄壁组织组成的,它们的生理功能相同,都具有贮藏及横向运输的作用。但前者为初生结构,后者为次生结构,两者的区别见表 2-1。

表 2-1 髓射线和维管射线的比较

	髓射线	维管射线
位置	维管束之间	维管束内(木射线和韧皮射线)
来源	初生分生组织(基本分生组织)	次生分生组织(维管形成层)
数目	固定	逐年增加

(2)周皮

随着茎的增粗,维管组织不断扩大,其外围的表皮或皮层细胞恢复分裂能力,形成木栓形成层。木栓形成层向外产生木栓层,向内形成栓内层。木栓层、木栓形成层和栓内层共同组成新的保护组织——周皮(图 2-20)。

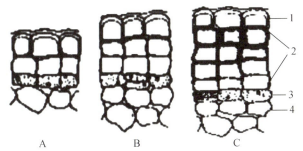

1. 表皮;2. 木栓层;3. 木栓形成层;4. 栓内层

图 2-20 双子叶植物茎横切,示周皮的发生及早期周皮的结构

A. 木栓形成层在表皮下发生;B. 木栓形成层进行平周分裂;C. 周皮已发生。

木栓层细胞扁平,无胞间隙,细胞壁厚且高度栓质化,细胞原生质体消失而成为充满空气的死细胞。木栓层不透水、不透气,抗压、绝缘、隔热,具有良好的保护作用。栓内层为生活的薄壁细胞,一般只有一层,并常含有叶绿体,栓内层细胞的形状与木栓形成层细胞相似。

大多数植物茎中,木栓形成层的活动期是有限的,通常形成几个月就失去作用,随后在茎的内部再产生新的木栓形成层,形成新的周皮。因而,木栓形成层是依次向内形成的,最后在次生韧皮部内产生。通常将最初形成的木栓形成层称为初生木栓形成层,后来形成的称为次生木栓形成层。有些植物的周皮作用期很长,甚至终生起作用,但多数植物的周皮随着茎的加粗失去作用,而在茎的内部又产生新的周皮。

茎中木栓形成层的最初起源因种而异,主要有以下几种类型:
① 由表皮内侧的皮层薄壁细胞恢复分裂能力转化而来,如榆、马铃薯、桃等;
② 由近表皮的皮层厚角组织转化而来,如花生、大豆等;
③ 由深皮层的薄壁组织转化而来,如刺槐、马兜铃、棉花;
④ 由表皮直接转化为木栓形成层,如苹果、梨(*Pyrus* spp.)、夹竹桃等;
⑤ 由初生韧皮部转化而来,如葡萄、石榴(*Punica granatum*)等。

(3) 皮孔和树皮

皮孔是茎表面肉眼可以看到的一些褐色圆形、椭圆形或长线形的斑点,多产生于气孔所在的部位(图 2-21)。周皮刚形成时,在这些气孔所在部位下方的木栓形成层通常不形成正常的木栓细胞,而形成一些排列疏松、有发达细胞间隙的球形细胞,这些细胞称为补充组织细胞。由于补充组织细胞数目增多,向外突起,结果将表皮和木栓层胀破,裂成唇形突起,气体可以由此出入。皮孔的形成可以改善茎的通气状况。

树皮有两种含义,平常在树干或树枝上看到的,或者从树枝上落下来的部分,仅仅是木栓层或木栓层以外的枯死部分,这样的树皮称为干树皮。伐木时从树干上剥下来的树皮,由内向外包含有韧皮部、皮层、周皮以及周皮外破毁的一些组织,包含有生活组织,质地较软且含水较多,称为软树皮。

山桃(*Amygdalus davidiana*)　　桑树　　毛白杨(*Populus tomentosa*)

图 2-21　不同植物茎上的皮孔

（4）多年生木材结构

维管形成层向内发育出的植物组织统称为木材。一般将针叶树的木材称为软材，而将阔叶树的木材称为硬材。木材在建筑工程和装饰等领域有重要的经济价值，关于木材的解剖结构在木材学专著中有详细介绍，此处仅介绍木材的一些基本概念和特征。

① 生长轮：由于维管形成层的分裂活动受季节的影响，一年中气候条件不同，维管形成层的活动便有强有弱，所形成的细胞有大有小，细胞壁有厚有薄，导致不同季节产生的次生木质部在形态上呈现出差异。一般在一个生长季中产生的次生木质部构成一个生长轮；如果生长有明显的季节性（如北方地区），一年仅有一个生长季，产生一个生长轮，则将其称为年轮。

② 早材和晚材：生长季节早期气候适宜，形成层活动旺盛，所形成的次生木质部细胞较大，木材较疏松，颜色较浅，称为**早材**；生长季节后期气候逐渐变得干冷，形成层活动减弱，以致停止，所形成的次生木质部细胞较小，细胞壁厚而扁平，材质显得紧密、坚实，称为**晚材**（图2-22）。

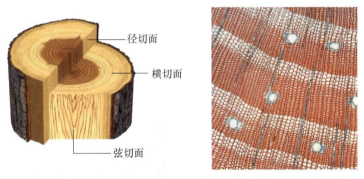

图2-22　左图：示木材的三个切面；右图：木材的横切，示早材和晚材

③ 边材和心材：由于形成层每年都产生次生木质部，木质部的量越积越多，致使木质部内部发生变化，出现了边材与心材之分。靠近树干外围部分，材色比树干中心部要浅，称为边材。靠近髓心部分，材色较深，称为心材。侵填体是阔叶材导管中的一种内含物，由导管周围的木薄壁细胞挤入导管腔中形成，其化学成分主要为木质素与纤维素。侵填体产生较多时可以堵塞导管，使导管及管胞失去输导功能，而使木质部显得

更坚硬。侵填体多存在于一些树种的心材中,在横切面上呈白色点状。侵填体多的树种,天然耐腐性较强,但透水性则大为降低(图2-23)。

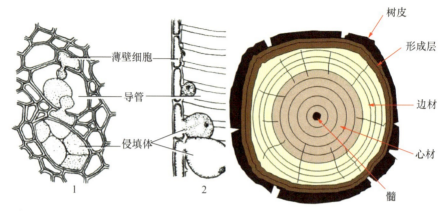

图 2-23　左图:侵填体形成的过程;右图:木材的横切示意
1. 横切面示导管内的侵填体;2. 纵切面示侵填体的形成过程

形成层每年产生新的边材,同时接近心材的一部分边材转变为心材,因此边材的量比较稳定,而心材则每年增加,边材和心材的比例以及心材的明显程度,不同种类的树木表现不同。

④ 散孔材和环孔材:散孔材是指木材中整个生长轮管孔大小和分布较均匀或逐渐变化;而环孔材是指木材中早材管孔明显大于晚材管孔,常形成一圈明显的带或轮(图2-24)。散孔材和环孔材之间的过渡类型称为半环孔材,即指木材中早材管孔至晚

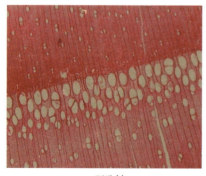

环孔材

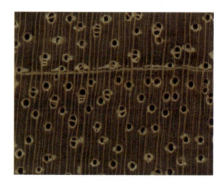

散孔材

图 2-24　木材横切

材管孔逐渐变小,呈过渡状态。

通常环孔材树种的导管直径大于散孔材树种,但导管数目少于散孔材树种。由于导水率与导管直径的4次方成正比,与导管数目为累加关系,因而环孔材树种的导水率多大于散孔材树种,而抵抗空穴化的能力弱于散孔材树种。相对而言,环孔材树种在无栓塞发生时通过高的水分传输能力来充分获取水分,而散孔材树种则通过低水分传输能力来获取水分以延缓栓塞的发生。

3. 次生生长对早期形成的结构的影响

次生结构产生后,随着茎加粗生长,初生结构中的表皮和皮层会由于木栓层产生后切断水分和养料的供应而死亡,并随内部压力的增加逐渐破坏,脱落或成为干树皮的一部分。

由于次生维管组织总是添加在原有木质部的外方和原有韧皮部的内方,随着次生结构的增加,早期产生的次生木质部、原有的初生木质部和髓处于次生结构的里面,受影响较小,能够得以保存下来,只不过随着茎的增粗,其所占比例日益减少;而韧皮部因内部生长所受的压力很大,极易破坏,尤其是初生韧皮部很早就破坏了,因此实际上有输导作用的韧皮部,一般只是最近一、二年的韧皮部。在木栓形成层的形成推移到韧皮部以后,木栓层外面的韧皮部就成为干树皮的组成部分。

(二)单子叶植物茎的结构

单子叶植物的茎一般只有初生结构,其维管束散生,原形成层可全部分化成木质部与韧皮部,为有限维管束。少数单子叶植物具次生结构,其形成层由维管柱外的薄壁组织细胞分化而来。

1. 表皮

单子叶植物茎的表皮通常为一层,由长细胞、短细胞和气孔器组成。长细胞长方形,长径与茎的纵长轴方向一致,横切面近乎方形,细胞壁厚且角质化,构成了表皮的大部分;短细胞位于两个长细胞之间,分为两种,一种具有栓化细胞壁,称为栓细胞;另一种含有大量二氧化硅,称为硅细胞,其含硅的多少决定着茎的强度及抵抗力。

2. 基本组织

基本组织主要由薄壁细胞组成,愈向茎的中央,细胞体积愈大。由于维管束散布在基本组织中,基本组织没有皮层和髓的分化。在紧接表皮内侧的基本组织中,常有几层厚壁组织构成的机械组织环,它们或成环状分布(如玉米茎),或被绿色薄壁组织隔开(如小麦茎)。机械组织环的存在对茎起支持作用,它的发育程度与茎的易倒伏性直接相关。

靠近表皮的基本组织常含叶绿体,而机械组织内的基本组织细胞一般不含有叶绿体。玉米、高粱(*Sorghum bicolor*)等植物茎中央由基本组织所充满;而小麦、水稻等植物茎中央的薄壁细胞解体,形成中空的髓腔。

3. 维管束(以禾本科植物为例)

禾草类单子叶植物维管束的分布大体分为两类:

(1) 以小麦为代表:各维管束大体上排列为内、外两圈。外圈的维管束较小,大部分埋于机械组织中;内圈的维管束较大,包埋于基本组织中,中央为髓腔。

(2) 以玉米为代表:各维管束以辐射状散生于茎内基本组织中,中央无空腔。近边缘的维管束,相互间隔较近,数目较多;而靠近中央的维管束较大,彼此间距离远,数目较少。

禾草类单子叶植物维管束为有限外韧维管束,维管束由一层厚壁组织构成的维管束鞘所包围;初生木质部位于维管束的近轴一侧,整个轮廓呈"V"形。"V"形的基部为原生木质部,包括一至几个环纹、螺纹导管及少量木薄壁组织,在分化成熟过程中,这些导管常被破坏,形成了一个胞间隙。在"V"形两臂上,各有一个后生的大型孔纹导管。在两个导管之间充满了薄壁细胞,有时也有小型的管胞。初生韧皮部位于初生木质部的外方;后生韧皮部细胞排列整齐,由筛管和伴胞组成,在横切面上筛管细胞为近似六角形或八角形细胞,伴胞细胞为紧贴筛管的长方形小细胞;在后生韧皮部的外方可以看到一条不整齐的细胞形状模糊的带状结构,此为最早分化出来的原生韧皮部,由于后生韧皮部的不断生长分化已被毁(图 2-25,图 2-26)。

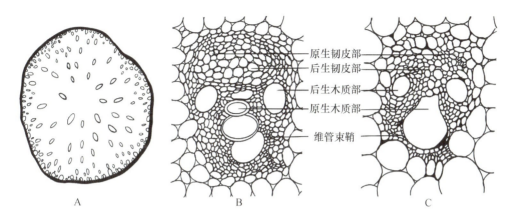

图 2-25　玉米茎中维管束的分布和维管束结构

A. 玉米幼茎横切,示维管束的分布;B. 一个尚未发育完全的维管束;C. 已成熟的维管束(A 引自李杨汉;B 和 C 引自高信曾)

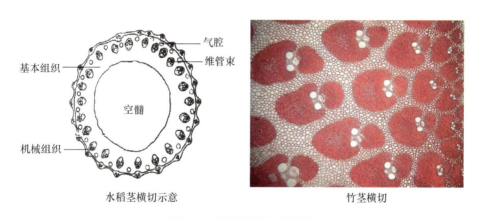

图 2-26　单子叶植物茎横切

(三)裸子植物茎的结构

裸子植物茎的初生结构和木本双子叶植物茎的初生结构基本相同,由表皮、皮层、维管柱和髓等部分组成。裸子植物的表皮位于茎的最外面,为一层细胞组成的初生保护组织;皮层位于表皮与维管柱之间,由多层薄壁细胞组成,并且皮层内常有树脂道分布;维管束由管胞、筛胞和薄壁细胞组成,通常也有树脂道分布。

裸子植物均有次生结构,由维管形成层和木栓形成层发育形成次生维管组织和周皮。与木本双子叶植物的次生结构相比,裸子植物组成木质部和韧皮部的细胞类型简单,结构相对均匀细致,现以松柏类植物为例描述。

松柏类植物茎次生木质部结构均匀,构造简单,一般只含有大量管胞、少量木薄壁组织、木射线与树脂道等,木质部中没有导管和纤维,管胞兼具输送水分和支持的作用(图 2-27)。有些裸子植物的木质部具有树脂道,纵横排列连接成一个系统。由于裸子植物次生生长形成的木材主要由管胞组成,易与双子叶植物的木材区分。

松柏类植物茎的次生韧皮部中一般只含有筛胞、韧皮薄壁细胞和韧皮射线,也有些种类含有韧皮纤维,有些种类还含有围绕着树脂道的薄壁组织。松柏类植物茎的次生韧皮部中没有筛管和伴胞。

裸子植物的木材中亦有早材和晚材、心材和边材的分化。在木材的横切面上,可看到呈辐射排列的单列细胞的木射线,只有少数种类含有两列细胞的木射线。而双子叶植物茎的次生木质部中通常是单列木射线和多列木射线同时存在。

在百岁兰(*Welwitschia mirabilis*)等少数较高级的裸子植物中,维管组织的木质部出现了导管,韧皮部出现了筛管。

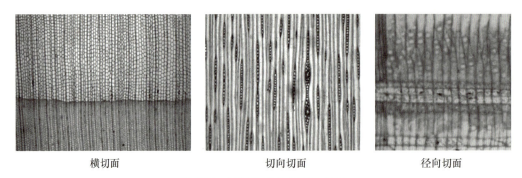

横切面　　　　　　切向切面　　　　　　径向切面

图 2-27　松树次生木质部三切面

种子植物茎的结构可归纳如下:

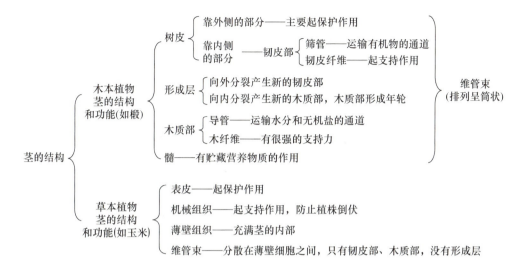

三、茎的变态

植物在长期系统发育过程中,为了应对环境的变迁,茎器官形成某些特殊的适应,形态、结构都发生了改变。茎的变态部分,有的特别发达,有的却格外退化。无论发达或退化,变态的部分都保存着茎特有的形态特征:有节和节间,有退化成膜状的叶,有顶芽或腋芽。

茎变态是一种可以稳定遗传的变异。根据发生在地上还是地下,茎的变态可以分为地下变态茎和地上变态茎两类。

(一) 地下变态茎

地下变态茎包括块茎、球茎、鳞茎、根状茎等。

1. 块茎

由茎的侧枝变态形成短粗的肉质地下茎。块茎多呈球形、椭圆形或不规则的块状,贮藏组织特别发达,内贮丰富的营养物质。从发生上看,块茎是植物茎基部的腋芽伸入地下,先形成细长的侧枝,到一定长度后,其顶端逐渐膨大,贮积大量的营养物质而成。

马铃薯的块茎,顶端具一个顶芽,节间短缩,叶退化为鳞片状,幼时存在,随着发育逐渐脱落,留下条形或月牙形的叶痕。在叶痕的内侧为凹陷的芽眼,其中有腋芽一至多个，叶痕和芽眼处就是茎上的节，两相邻芽眼之间即为节间。除马铃薯外，菊芋（*Helianthus tuberosus*）、山药（*Dioscorea polystachya*）等植物也有块茎（图2-28）。

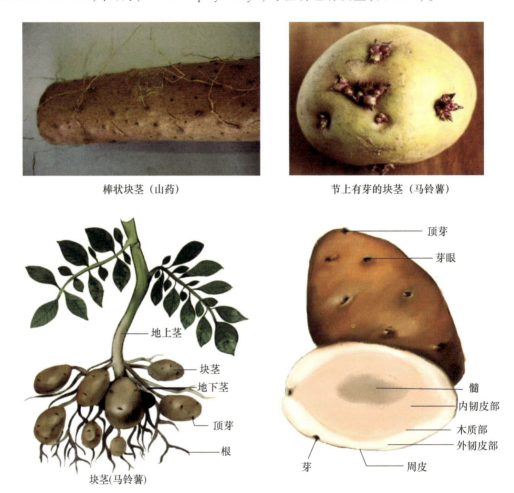

图 2-28　块茎的形态结构

2. 球茎

由植物主茎基部膨大形成的球形、扁球形或长圆形的变态茎。球茎有明显的节与节间，节上生有退化的膜状叶和腋芽，顶端有较大的顶芽。从发生上看，有些球茎，如荸荠（*Heleocharis dulcis*）、慈姑（*Sagittaria trifolia*）等是由地下匍匐枝（侧枝）末端膨大形成的；也有些球茎，如唐菖蒲（*Gladiolus gandavensis*）是由茎基部膨大发育而成的，其球茎由数片棕色纤维质的鞘状鳞叶包被着。球茎内都贮有大量的营养物质,供营养繁殖之用。观赏植物慈姑和药用植物番红花(*Crocus sativus*)具比较典型的球茎(图 2-29)。

番红花

慈姑

图 2-29　球茎的形态结构

3. 鳞茎

为扁平或圆盘状的地下变态茎,其枝(包括茎和叶)变态为肉质的地下枝,茎的节间极度缩短为鳞茎盘,顶端有一个顶芽。鳞茎盘上着生多层肉质鳞片叶,如水仙(*Narcissus tazetta*)、百合(*Lilium brownii*)和大蒜(*Allium sativum*)等(图 2-30)。

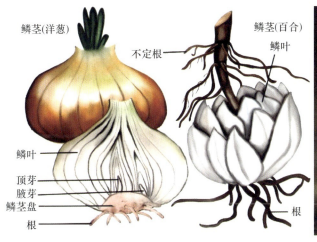
洋葱(*Allium cepa*)和百合的鳞茎

大蒜的鳞茎

图 2-30　鳞茎的形态结构

鳞茎的营养物质主要贮存在肥厚的变态叶中。鳞片叶的叶腋内可生腋芽,形成侧枝。大蒜的营养物质主要贮存在肥大的肉质腋芽（即蒜瓣）中，包被于其外围的鳞片叶主要起保护作用。

4. 根状茎

根状茎是由多年生植物的茎变态而成的、横卧于地下、形状似根的地下茎。根状茎上具有明显的节和节间，具有顶芽和腋芽，节上往往着生退化的鳞片状叶，呈膜状，同时节上还有不定根，营养繁殖能力很强。如竹类、莲、鸢尾（*Iris tectorum*）、白茅（*Imperata cylindrica*）和蓟（*Cirsium japonicum*）等（图2-31）。

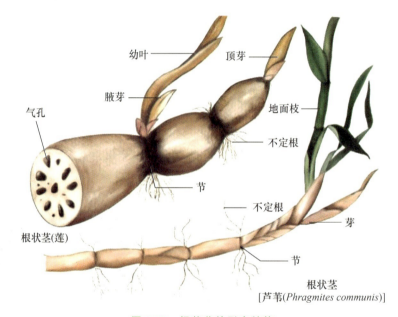

图 2-31　根状茎的形态结构

（二）地上变态茎

地上变态茎包括叶状枝、枝刺、茎卷须、肉质茎等。

1. 叶状枝

茎扁化变态成绿色的叶状体，叶完全退化或不发达，而由叶状枝进行光合作用。如昙花（*Epiphyllum oxypetalum*）、令箭荷花（*Nopalxochia ackermannii*）、文竹（*Asparagus setaceus*）、天门冬、假叶树（*Ruscus aculeata*）和竹节蓼（*Muehlenbeckia platyclada*）等植物

的茎(图2-32)。叶状枝的外形很像叶,但其上具节,节上能生叶和开花。

假叶树

昙花

图 2-32　叶状茎

2. 枝刺

茎变态为具有保护功能的刺。如山楂(*Crataegus pinnatifida*)和皂荚(*Gleditsia sinensis*)茎上的刺,枝刺都着生于叶腋,相当于侧枝发生的部位(图2-33)。

山楂

皂荚

图 2-33　枝刺

3. 茎卷须

由茎变态成的具有攀援功能的卷须(图2-34)。如黄瓜和南瓜的茎卷须发生于叶腋,相当于腋芽的位置,而葡萄的茎卷须是由顶芽转变来的,在生长后期常发生位置的扭转,其腋芽代替顶芽继续发育,向上生长,而使茎卷须长在叶和腋芽位置的对面,使整个茎成为合轴式分枝。

黄瓜

葡萄

图 2-34　茎卷须

4. 肉质茎

由茎变态成肥厚多汁的绿色肉质茎,可进行光合作用。肉质变态茎可呈球状、柱状或扁圆柱形等多种形态,其发达的薄壁组织已特化为贮水组织,叶常退化,适于干旱地区的生活。如仙人掌科的肉质植物(图 2-35)。

仙人掌

图 2-35　肉质茎

第二节　叶

叶是植物进行光合作用和蒸腾作用的器官，着生在茎的节上。从系统发育的观点来看，叶片可分为小型叶和大型叶两类：小型叶叶片小而叶脉不发达，仅见于一些蕨类植物，如石松（*Lycopodium japonicum*）、卷柏和松叶蕨（*Psilotum nudum*），它来自茎的表面突起；大型叶叶片较大而且有发达的叶脉，是由枝系统变异形成的，多数维管植物的叶片属于大型叶。

一、叶的形态

1. 叶的组成

植物的叶一般由叶片、叶柄和托叶三部分组成。

叶片是一薄的扁平体，是叶的最重要部分，植物的光合作用和蒸腾作用主要发生在叶片上。叶片内分布有叶脉，叶脉有支持叶片伸展和输导水分与营养物质的功能。叶柄位于叶片基部，并与茎相连，通常为细长的形状，内部有发达的机械组织和输导组织。叶柄具有支持叶片，安排叶片在一定的空间以接受较多阳光，联系叶片与茎间水分和营养物质输导的功能。有些植物的叶无叶柄，叶片直接着生在茎上，称为无柄叶。托叶位于叶柄和茎的连接处，常成对着生，具有保护作用或参与光合作用。托叶通常细小，具有各种不同形状，多数植物的托叶早落。

叶如具有叶片、叶柄和托叶三部分称为完全叶，如豌豆、苹果等；如果缺少一部分或两部分称为不完全叶，如丁香叶缺少托叶，台湾相思（*Acacia confusa*）叶缺少叶片。

禾本科和兰科（Orchidaceae）等单子叶植物的叶没有叶柄和托叶，它们的叶基部扩大并包围着茎，这种结构称为叶鞘。叶鞘具有保护茎的居间生长、保护叶内幼芽以及加强茎的支持作用等功能。

2. 叶的形态

叶片是植物暴露在空气中面积最大的器官，对环境敏感，也最能体现植物对环境的适应。

不同种类的植物,叶片的形态差异较大,但一般同一种植物的叶片形状往往差异不大。因此,叶片的形态在分类学上常作为鉴别植物的辅助依据。其中,叶形、叶缘、叶尖、叶基(也叫作叶尾)、叶脉是最常用的表征叶片形态的指标(图2-36)。

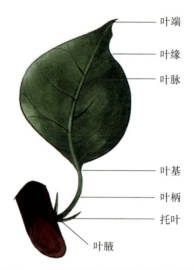

图 2-36　叶片形态的部分常用描述指标

（1）叶形

叶形就是叶片的形状,也就是叶片的轮廓。叶片的基本形状主要根据长宽比和最宽处的位置来划分。如果在叶片的发育过程中,长度占绝对优势,则称为剑形、线形。如果长度和宽度接近,可以进一步根据叶片最宽处的位置来区分:如最宽处在叶片的中部,可根据宽度分为圆形、长椭圆形、宽椭圆形;如最宽处在叶片的基部,可根据宽度分为阔卵形、卵形、披针形;如最宽处在叶片的先端,可根据宽度分为倒阔卵形、倒卵形、倒披针形等(图2-37)。

植物的叶形除了以上提及的基本形状外,还有很多,常见的叶形有针形、披针形、倒披针形、条形、剑形、圆形、矩圆形、椭圆形、卵形、倒卵形、匙形、扇形、镰形、心形、倒心形、肾形、提琴形、盾形、箭头形、戟形、菱形、三角形、鳞形等(图2-38)。

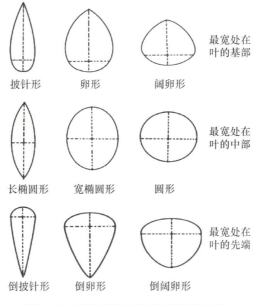

图 2-37 单叶的基本形状（引自高信曾）

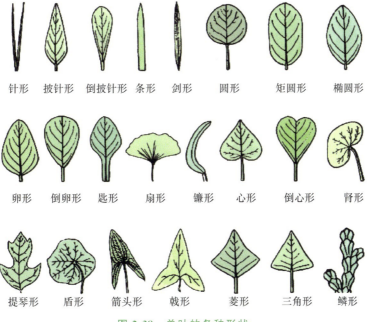

图 2-38 单叶的各种形状

另外,一些植物的叶形是两种形状的综合,如既像卵形,又像披针形的,称为卵状披针形;既像匙形,又像倒披针形的,称为匙状倒披针形。

通常每种植物具有一定形状的叶。但是有些植物,同一株植株上具有不同形态的叶,称为异形叶性。出现异形叶性的原因:① 由于枝条的功能或老幼不同而发生叶形各异。如薜荔(*Ficus pumila*)的营养枝上着生的叶片小而薄,心状卵形,而花枝上的叶大而厚,卵状椭圆形,两者大小相差数倍;益母草(*Leonurus artemisia*)的基生叶略呈圆形,中部叶为椭圆形并掌状分裂,顶生叶线形无柄而不分裂。② 外界环境的影响。如水生植物菱(*Trapa bispinosa*)浮于水面的叶呈菱状三角形,沉在水中的叶则为羽毛状细裂。

(2) 叶缘和叶裂

① 叶缘

叶缘即叶片的边缘。叶缘随叶肉的发育方式和叶脉的分布状态等有各种形状。常见类型有全缘、浅波状、波状、深波状、皱波状、圆齿状、锯齿状、细锯齿状、睫毛状、重锯齿状等(图 2-39)。

- ❖ 全缘:周边平滑或近于平滑的叶缘,如女贞(*Ligustrum lucidum*)的叶。
- ❖ 浅波状:叶缘松散地波状弯曲,呈平滑状,如牛皮消(*Cynanchum auriculatum*)的叶。
- ❖ 波状:叶缘凹凸呈波纹状,凹处近圆形,如茄(*Solanum melongena*)的叶。
- ❖ 深波状:叶缘凹凸明显,波状较深,如蒲公英的叶。
- ❖ 皱波状:叶缘密集地波状弯曲,呈皱缩状,如甘蓝(*Brassica oleracea*)的叶。
- ❖ 圆齿状:周边锯齿状,齿尖两边不等,通常向一侧倾斜,齿尖较圆钝的叶缘,如地黄(*Rehmannia glutinosa*)的叶。
- ❖ 锯齿状:周边锯齿状,齿尖两边不等,通常向一侧倾斜,齿尖粗锐的叶缘,如茶的叶。
- ❖ 细锯齿状:周边锯齿状,齿尖两边不等,通常向一侧倾斜,齿尖细锐的叶缘,如茜草(*Rubia cordifolia*)的叶。
- ❖ 睫毛状:周边齿状,齿尖两边相等,而极细锐的叶缘,如石竹(*Dianthus chinensis*)的叶。
- ❖ 重锯齿状:周边锯齿状,齿尖两边不等,通常向一侧倾斜,齿尖两边亦呈锯齿状的叶缘,如刺儿菜(*Cirsium setosum*)的叶。

图 2-39　叶缘的类型

② 叶裂

有的叶缘缺刻深且大,形成叶片的分裂。通常将凸出或凹入的程度较齿状叶缘大而深的称叶裂。

❖ 叶裂依据缺刻的深浅可分为浅裂、深裂和全裂三种类型(图 2-40 左图)。

浅裂:叶片缺刻最深不超过叶片的 1/2;

深裂:叶片缺刻超过叶片的 1/2 但未达中脉或叶的基部;

全裂:叶片缺刻深达中脉或叶的基部,是单叶与复叶的过渡类型,有时与复叶并无明显界限。

❖ 叶裂依据裂片的排列形式可分为羽状裂和掌状裂两大类。

羽状裂:在中脉两侧呈羽毛状排列的称为羽状裂;

掌状裂:裂片围绕叶基部呈手掌状排列的称为掌状裂。

一般对叶裂的描述往往综合了以上两种分类方法,例如羽状浅裂、羽状深裂、掌状深裂等(图 2-40 右图)。

图 2-40 叶裂的类型

(3) 叶尖

叶尖一般指叶片的尖端,即叶片远离茎的一端。常见的叶尖类型有锐尖、渐尖、钝形、尖凹、凹缺、倒心形、骤尖、凸尖、芒尖、尾状等(图 2-41)。

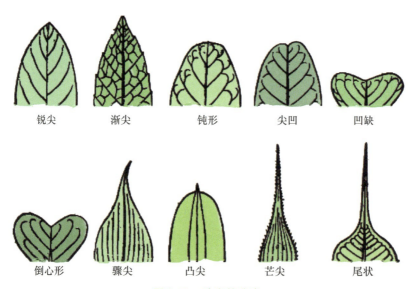

图 2-41 叶尖的分类

❖ 锐尖:叶片顶端有一锐角形,硬而锐利的尖头,两侧的边直,如荞麦(*Fagopyrum esculentum*)的叶。

❖ 渐尖:叶片顶端尖头延长,两侧有内弯的边,如桃树的叶。

❖ 钝形:叶片顶端钝或狭圆形,如厚朴(*Magnolia officinalis*)的叶。

❖ 尖凹:叶尖顶端凹入,如细叶黄杨(*Buxus sinica*)的叶。

❖ 凹缺:叶片顶端形成一个宽狭不等的缺口,如苋(*Amaranthus tricolor*)、苜蓿的叶。

❖ 倒心形:叶片顶端缺口的两侧呈弧形弯曲,如酢浆草(*Oxalis corniculata*)的叶。

❖ 骤尖:叶片顶端逐渐变成一个硬而长的尖头,形如鸟啄,如虎杖(*Reynoutria japonica*)、吴茱萸(*Evodia rutaecarpa*)的叶。

❖ 凸尖:叶片顶端由中脉向外延伸,形成一短而锐利的尖头,如胡枝子(*Lespedeza bicolor*)的叶。

❖ 芒尖:叶片顶端突然变成一个长短不等,硬而直的钻状的尖头,如芒尖薹草(*Carex doniana*)的叶。

❖ 尾状:叶片顶端逐渐变尖,即长而细弱,形如动物尾巴,如菩提树(*Ficus religiosa*)的叶。

(4)叶尾

叶尾也称叶基,一般指叶片的末端,即叶片靠近茎的一端。常见的类型有心形、耳垂形、箭形、戟形、楔形、渐狭、截形、偏斜、抱茎、穿茎等(图 2-42)。

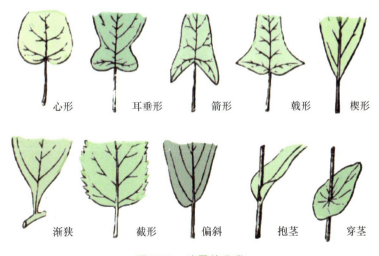

图 2-42 叶尾的分类

- 心形:叶基两侧各有一圆裂片,呈心形,如苘麻(*Abutilon theophrasti*)、紫荆(*Cercis chinensis*)的叶。
- 耳垂形:叶基两侧的裂片钝圆,下垂如耳,如白英(*Solanum lyratum*)的叶。
- 箭形:叶基两侧的裂片尖锐,向下,似箭头,如慈姑的叶。
- 戟形:叶基两侧的裂片向左右外展,如菠菜(*Spinacia oleracea*)、小旋花(*Convolvulus ammannii*)的叶。
- 楔形:叶片自中部以下向基部两边逐渐变狭,形如楔子,如含笑(*Michelia figo*)的叶。
- 渐狭:基部两侧逐渐内弯变狭,与叶尖的渐尖类似,如樟树(*Cinnamomum camphora*)的叶。
- 截形:基部平截成一直线,好像被切去的,如金线吊乌龟(*Stephania cepharantha*)的叶。
- 偏斜:叶基两侧不对称,如秋海棠、地锦(*Parthenocissus tricuspidata*)、朴树(*Celtis sinensis*)的叶。
- 抱茎:叶基部抱茎,如青菜的茎生叶。
- 穿茎:基部深凹入,两侧裂片相合生而包围着茎部,好像茎贯穿在叶片中,如穿心草(*Canscora lucidissima*)的叶。

(5) 叶脉

叶脉是由不含叶绿素的薄壁组织、厚角细胞等支持组织包围维管束所形成的沿叶背轴侧凸出的肋条。叶脉一方面为叶提供水分和无机盐,输出光合产物;另一方面又支撑着叶片,使叶伸展于空间,保证叶的生理功能顺利进行。植物的叶脉可以分为网状脉序、平行脉序和叉状脉序三种。

① 网状脉序:叶片上具有一条或数条明显的主脉,经过逐级的分支,形成多数交错分布的细脉,由细脉互相联结形成网状(图 2-43)。双子叶植物的叶脉多为网状脉序,少数单子叶植物也具网状脉序,如天南星(*Arisaema heterophyllum*)、薯蓣(*Dioscorea polystachya*)。网状脉序包括羽状脉序、掌状脉序和三出脉序等类型。

- 羽状脉序:叶脉中有一条明显的主脉,侧脉自主脉的两侧发出,呈羽毛状排列,并几达叶缘,如女贞、垂柳、榆、桃、苹果。

羽状脉序　　　　　　　掌状脉序　　　　　　　三出脉序

图 2-43　网状脉序

❖ 掌状脉序：主脉的基部同时产生多条与主脉近似粗细的侧脉，再从它们的两侧发出多数侧脉，复从侧脉产生极多细脉，并交织成网状，称为掌状网脉，如蓖麻（*Ricinus communis*）、南瓜、棉花等。

❖ 三出脉序：从主脉基部两侧只产生一对侧脉，这一对侧脉明显比其他侧脉发达，称为三出脉序，如肉桂、樟等。

② 叉状脉序：叶脉为二叉分枝状，一条叶脉分为大小相等的两个分支，如银杏的叶脉。叉状脉序属于较为原始的类型，在蕨类植物中常见。

③ 平行脉序：中脉和侧脉自叶片基部发出大致平行，在顶部汇合。平行脉序包括射出平行脉、横出平行脉、直出平行脉和弧形脉等类型（图2-44，图2-45）。

直出平行脉　　　弧形脉　　　射出平行脉　　　横出平行脉

图 2-44　平行脉序示意

芭蕉(*Musa basjoo*)的横出平行脉　　棕榈(*Trachycarpus fortunei*)的射出平行脉　　玉竹的弧形脉

图 2-45　平行脉序

3. 复叶的类型

每个叶柄上只有一个叶片的称为单叶,如南瓜、向日葵和玉米等。而一个叶柄上有两个以上叶片的称为复叶。复叶的叶柄称为总叶柄,总叶柄上着生的每一片叶称为小叶。

复叶根据小叶的排列方式可分为羽状复叶、掌状复叶和三出复叶。

(1) 羽状复叶:小叶在总叶柄上呈羽毛状排列的复叶。

在羽状复叶中,如果叶轴顶端只生长一片小叶,称为奇数羽状复叶或单数羽状复叶,如槐树;如果叶轴顶端着生两片小叶,称为偶数羽状复叶或双数羽状复叶,如无患子(*Sapindus mukorossi*)。

在羽状复叶中,如果叶轴两侧各具一列小叶时,称为一回羽状复叶,如刺槐;如叶轴两侧有羽状排列的分枝,在分支两侧才着生羽状排列的小叶,称为二回羽状复叶,如合欢(*Albizia julibrissin*);以此类推,可以有三回以至多回羽状复叶(图 2-46)。

刺槐的一回羽状复叶　　　　合欢的二回羽状复叶　　　　金毛狗蕨(*Cibotium barometz*)的三回羽状复叶

图 2-46　羽状复叶

（2）掌状复叶：小叶集中在总叶柄顶端，排列如手掌上的手指，如大麻、七叶树（*Aesculus chinensis*）的复叶（图 2-47）。与羽状复叶类似，掌状复叶也可进一步分为一回至多回掌状复叶。

（3）三出复叶：由三片小叶组成的复叶（图 2-48）。包括羽状三出复叶和掌状三出复叶两类。

羽状三出复叶：由三片小叶组成，排列为羽状，如大豆（*Glycine max*）的复叶。

掌状三出复叶：由三片小叶组成，排列为掌状，如酢浆草的复叶。

（4）单身复叶：是含有两侧小叶，但只有顶端一片小叶发育成熟的复叶。单身复叶是三出复叶的一种退化型，其两侧的小叶退化，顶生小叶的基部和叶轴交界处有一关节，叶轴向两侧延伸，常成翅，如柑橘（*Citrus reticulata*）、柠檬（*Citrus limon*）等的叶（图 2-49）。

大麻的掌状复叶

七叶树的掌状复叶

图 2-47　掌状复叶

葛藤（*Argyreia seguinii*）的羽状三出复叶

酢浆草的掌状三出复叶

图 2-48　三出复叶

图 2-49　柑橘的单身复叶

复叶与全裂叶的区分：① 复叶有小叶柄，全裂叶无小叶柄；② 复叶各小叶的形状基本相同，而全裂叶的各裂片形状彼此不同；③ 复叶各小叶的基部互相分离，而全裂叶各裂片的基部互相联结。

4. 叶序

植物的叶在茎上的着生次序称为叶序。按照每一节间上的叶片数量，叶序有 3 种基本类型，即互生、对生和轮生（图 2-50）。

互生　　　　　　对生　　　　　　轮生　　　　　　轮生

图 2-50　叶序

（1）互生叶序：在茎上每一节中只着生一片叶，如杨树。互生叶序中，一个节上的叶与上下相邻节上的叶交叉成十字排列的称为交互互生；而一个节上的叶与上下相邻节上的叶在一个平面排列的称为二列互生（图 2-51）。

（2）对生叶序：在茎上每一节中着生两片叶，如丁香。对生叶序中，一个节上的两片叶与上下相邻节上的两片叶交叉成十字排列的称为交互对生；而一个节上的两片叶与上下相邻节上的两片叶在一个平面排列的称为二列对生（图 2-51）。

（3）轮生叶序：茎的每一节上着生三片或三片以上的叶，如夹竹桃。

交互互生　　二列互生　　交互对生　　二列对生

图 2-51　二列着生与交互着生

除了以上常见的三种叶序外，有些植物的节间缩短而不显著，茎各节上着生的 1 或数片叶呈簇生状，此种叶序称为簇生叶序。

簇生叶序根据着生位置可以分为簇生叶和基生叶两种类型（图 2-52）。

① 簇生叶：两片以上的叶着生于极度缩短的短枝上，如油松（*Pinus tabuliformis*）、银杏等。

② 基生叶：两片以上的叶着生于地表附近的短茎上，如蒲公英、车前（*Plantago asiatica*）等。

银杏的簇生叶　　　　油松的簇生叶　　　　车前的基生叶

图 2-52　簇生叶序

叶序的描述除使用每一节间上的叶片数量外，也可用叶序周来表示。任意取一片叶作为起点,向上用线连接各片叶的着生点,盘旋而上,直到上方另一片叶的着生点恰好与起点叶的着生点重合,作为终点。从起点叶到终点叶之间的螺旋线绕茎周数,称为**叶序周**。

不同种植物的叶序周可能不同,绕茎1周所需的叶数也可能不同。例如榆的叶序周为 1/2(即绕茎1周有2叶),桃的叶序周为 2/5(绕茎2周有5叶),松的叶序周为 8/21(绕茎8周有21叶)。

5. 叶镶嵌

不论哪种叶序,同一枝上的相邻叶片都不重叠,呈镶嵌状。这种叶镶嵌状排列而不重叠的现象,称为叶镶嵌。叶镶嵌的形成,主要是由于叶柄的长短、扭曲和叶片的各种排列角度所导致的。叶镶嵌使植物能接受更多的光照。

二、叶的解剖结构

(一)双子叶植物叶的结构

双子叶植物的叶片扁平,叶片的内部结构通常包括表皮、叶肉和叶脉三部分。由于叶片上下两面受光不同,内部结构也有所不同。一般把向光的一面称为上表面或近轴面或腹面,背光的一面称为下表面或远轴面或背面。

1. 表皮

叶的上下表面均覆盖着表皮细胞。叶片表皮细胞不含叶绿体,为扁平透明的生活细胞,它们形状不规则,细胞间彼此紧密嵌合,没有胞间隙。表皮细胞的外壁较厚,覆盖有蜡质、角质,其薄厚因植物种类和环境条件不同而变化。表皮细胞多为一层,少数植物的表皮是多层细胞的结构,称为复表皮,如夹竹桃叶片可有2~3层细胞组成的复表皮。

在叶的表面还常常有表皮附属物——气孔和表皮毛。

(1)气孔

气孔原指两个保卫细胞之间用于叶片与环境进行气体交换的缝隙结构。现在更多情况下"气孔"这一名词指的是气孔和围绕它的两个保卫细胞共同组成的气孔复合体或"气孔器"(常见于以前的教材);而将缝隙结构称为"气孔孔隙"。双子叶植物叶片(以及大多数单子叶植物)的保卫细胞为肾形(或半月形),气孔大多是散生排列的。与表皮细胞相比,保卫细胞一般都含有叶绿体(图 2-53)。

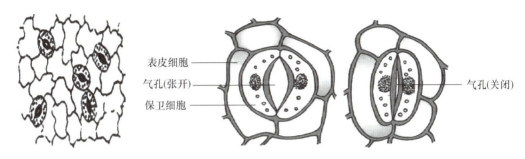

图 2-53 双子叶植物气孔的形态

草本双子叶植物叶的上下表皮往往都有气孔的结构,通常水平伸展的叶片上表面的气孔数量少于下表面,有些植物的上表面没有气孔,而一些水生植物如睡莲(*Nymphaea tetragona*)只有上表面具有气孔。

气孔的发育过程:气孔母细胞分裂形成大小不同的两个子细胞,其中较小的细胞形成保卫母细胞,经一次分裂形成两个保卫细胞,另一个较大的细胞则形成普通表皮细胞(图 2-54)。

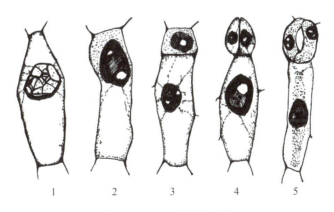

图 2-54 气孔的发育过程

1. 气孔母细胞;2. 气孔母细胞产生极性分化;3. 气孔母细胞分裂成两个大小不同的细胞;4. 较小的细胞形成保卫母细胞;5. 较大的细胞形成普通表皮细胞

（2）表皮毛

在叶的表面常具有表皮毛,它是表皮细胞分化出来的特殊结构。表皮毛种类很多,按它们是否具有分泌能力可分为腺毛和非腺毛;按细胞组成可分为单细胞毛和多细胞毛,单列毛和多列毛;按形状可分为头状、星状、钩状、鳞片状等。表皮毛具有减少水分散失和保护植物免受动物损害的功能。

2. 叶肉细胞

上下表皮之间是叶的叶肉组织。双子叶植物的叶肉组织由薄壁细胞组成,大多分为两层:上表皮之下为栅栏组织,由并排的柱状细胞组成,其长径与表皮成垂直方向,含叶绿体较多;紧靠下表皮的为海绵组织,其细胞形状不规则,彼此相连成网,有较多的空隙,叶绿体较栅栏组织少(图 2-55)。

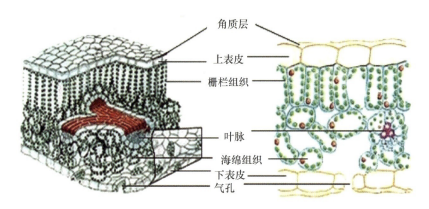

图 2-55 双子叶植物的叶结构,示叶肉组织

一般将这种两面具有不同叶肉组织结构的叶片称为异面叶或背腹叶。与此相对应,将没有栅栏组织和海绵组织分化或虽有分化但栅栏组织却分布在叶的两面,从外形上也看不出上下两面区别的叶片称为等面叶。

3. 叶脉

叶脉的维管组织结构同叶柄的维管组织结构较为类似,由木质部、形成层和韧皮部组成,并且它们维管组织的排列方式同该植物茎的维管组织排列相同(图 2-56)。对茎为外韧维管束的植物而言,叶脉的木质部在向茎面(上表面),韧皮部在背茎面(下表面)。对茎为双韧维管束的植物,只有大的叶脉在木质部两侧均产生韧皮部,在细脉则不出现向茎面的韧皮部。双子叶植物叶片背面的机械组织特别发达,往往导致叶片背面的中脉和大的侧脉产生显著的突起。在大叶脉的木质部和韧皮部之间还可能有形成层存在,不过形成层活动时间很短,只产生极少量的次生组织。

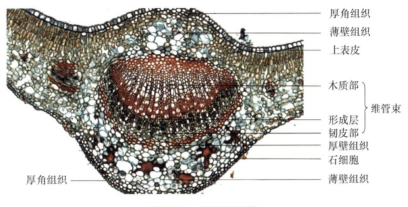

图 2-56　叶脉的结构

随着叶脉越分越细,结构也逐渐变得简单,首先是形成层消失,机械组织逐渐减少或消失,木质部和韧皮部的结构也逐渐变得简单。到了叶脉末梢,木质部只有管胞,韧皮部也只有短而细的筛管分子和增大的伴胞。

4. 叶柄

一般为半月形、圆形、三角形,与茎的结构相似,由表皮、基本组织和维管束三部分构成,叶柄维管组织的结构介于叶脉和茎之间,常见单个、半圈和一圈三种排列方式(图 2-57)。

图 2-57　三种类型叶柄的横切面,黑色斜线部分为木质部

(二)单子叶植物(禾本科)的叶结构

单子叶植物叶片的基本组成与双子叶植物类似,叶片的内部结构分为表皮、叶肉和叶脉三部分。现以禾本科植物为例说明。

禾本科植物的叶片没有叶柄和托叶,常具有叶鞘的结构。禾本科植物的叶鞘与叶片连接处的边缘常形成一对从叶片基部边缘伸长出来的形如耳状的突出物,将茎秆包裹,称作叶耳;在叶片与叶鞘相接处的腹面常形成膜状的突出物,称作叶舌(图 2-58)。

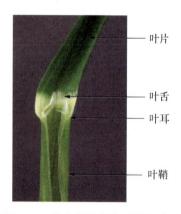

图 2-58　禾本科植物的叶耳和叶舌

1. 表皮

禾本科植物表皮细胞的形状比较规则,往往沿着叶片的长轴排列成行,表皮细胞通常由长细胞和短细胞两种类型组成。长细胞呈长方柱形,长径与叶的长轴平行;短细胞较小,细胞壁硅质化或栓质化。长细胞和短细胞的形状、数目和位置,随植物种类不同而不同。

禾本科植物的上下表皮都有气孔分布。气孔的保卫细胞为哑铃形,中部狭窄且壁厚,两端壁薄膨大成球状;保卫细胞也含有叶绿体,在保卫细胞外侧还存在一对副卫细胞,因此禾本科植物的气孔复合体一般由两个保卫细胞、两个副卫细胞和气孔空隙组成(图 2-59)。禾本科植物的气孔多成行排列,与叶的长轴平行。

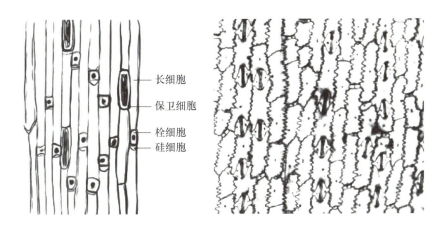

图 2-59　禾本科植物叶表面的气孔

禾本科植物在两个维管束之间的上表皮中还分布有一种特殊的大型细胞,其壁比较薄,有较大的液泡,称为泡状细胞。泡状细胞常几个细胞排列在一起,从横切面上看略呈扇形。泡状细胞失水可以收缩,与叶片的卷曲和开张有关,因此也称为运动细胞(图 2-60)。

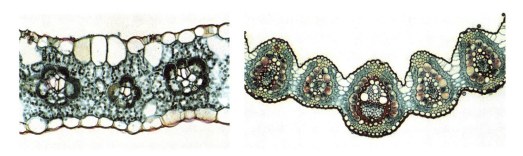

图 2-60　禾本科植物叶横切,示泡状细胞

2. 叶肉细胞

禾本科植物的叶肉细胞由均一的薄壁细胞构成,没有栅栏组织和海绵组织分化,为等面叶。叶肉组织排列紧密,胞间隙小,仅在气孔的内方有较大的胞间隙,形成孔下室。

3. 叶脉

禾本科植物的叶脉为平行脉,叶脉维管束的结构与茎的结构相似(图 2-61)。在中脉与较大维管束的上下两侧有发达的厚壁组织与表皮相连,增加了机械支持力。叶脉维管束有 1~2 层维管束鞘细胞包围。在水稻、小麦等 C_3 植物中,维管束鞘由两层细胞构成,内层细胞的细胞壁厚,细胞较小且不含叶绿体;外层细胞的细胞壁薄,细胞较大,叶绿体与叶肉细胞相比小而少。在玉米、高粱等 C_4 植物中,维管束鞘仅由一层较大的薄壁细胞构成,这些细胞具有大的叶绿体,叶绿体中没有或仅有少量基粒,但它积累淀粉的能力远远超过叶肉细胞中的叶绿体,C_4 植物维管束鞘与外侧相邻的一圈叶肉细胞组成"花环状"结构。

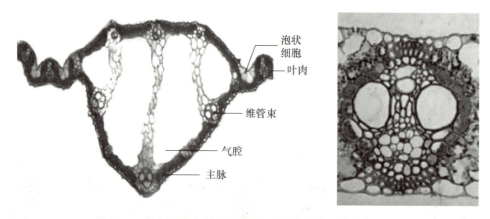

图 2-61　禾本科植物的主脉横切(左图为水稻,右图为小麦)

(三)裸子植物叶的结构

裸子植物的叶形状多样,松柏类植物多为针状、披针形或鳞形,苏铁类植物为羽状复叶,银杏为二裂的扇形。在解剖特征上,裸子植物的叶表皮细胞角质层厚,叶脉分化较少,叶肉细胞排列紧密。下面以油松为例,介绍针叶的结构特点。

油松针叶的结构由表皮、叶肉组织和维管束三部分组成(图 2-62)。

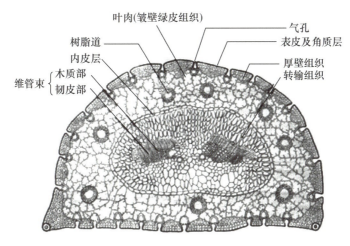

图 2-62 油松的针叶横切

1. 表皮

油松针叶的表皮细胞一般呈砖形,其长径与茎的纵轴平行,表皮细胞的外壁有很厚的角质层,细胞排列紧密而整齐。油松针叶的气孔下陷,气孔处有两个小的保卫细胞,呈半月形,保卫细胞上面有两个副卫细胞。裸子植物的叶片,气孔多成行排列,与叶的长轴平行(图 2-63)。

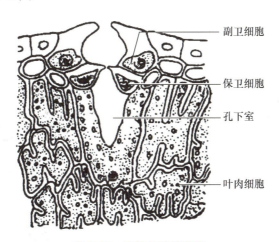

图 2-63 油松气孔器结构

2. 叶肉组织

油松针叶没有栅栏组织和海绵组织的分化，叶肉细胞的细胞壁常向内凹陷呈褶皱状，细胞排列比较密，间隙小，有树脂道。在叶肉组织最里面有一层细胞壁增厚但不木质化的细胞，称内皮层，内皮层的垂周壁上有栓质化加厚的凯氏带。

3. 维管束

油松针叶的叶脉位于叶的中央部分，由 1~2 个维管束组成，木质部在近轴面，韧皮部在远轴面。在维管束和内皮层之间，由无生命的管胞和有生命的薄壁组织组成转输组织。转输组织管胞的壁有次生加厚，壁上能见到具缘纹孔。

四、叶的变态

作为植物暴露在空气中面积最大的器官，叶的可塑性最大，发生的变态最多。叶变态是一种可以稳定遗传的变异。叶变态主要类型有：叶刺、叶卷须、食虫叶、鳞叶、苞片叶、叶状柄等。

1. 叶刺

叶刺是指叶或叶的一部分（如托叶）变成刺状。例如，仙人掌肉质茎上的叶退化变成叶刺；刺槐和小檗（*Berberis* spp.）的托叶变成叶刺（图 2-64）；飞廉（*Carduus nutans*）和枸骨（*Ilex cornuta*）叶片的叶尖和叶缘可变成叶刺。叶刺和茎刺一样，对植物有保护作用。

仙人掌的叶刺

刺槐的托叶刺

图 2-64　叶刺

2. 叶卷须

叶卷须是指叶或叶的一部分变态特化而成的卷曲攀援器官。有些植物的叶卷须由叶、托叶或叶柄转变,如菝葜(*Smilax china*)的叶卷须为托叶转变;有些植物的叶卷须由叶的先端或部分小叶形成,如豌豆的叶卷须为小叶转变(图 2-65)。叶卷须和茎卷须一样,具有攀援的作用。

豌豆的叶卷须　　　　　　　　　　菝葜的叶卷须

图 2-65　叶卷须

3. 食虫叶

叶片形成掌状或瓶状等捕虫结构,有感应性,遇昆虫触动,能自动闭合,表面有大量能分泌消化液的腺毛或腺体,如茅膏菜(*Drosera peltata*)、食虫草(*Drosera indica*)、猪笼草(*Nepenthes mirabilis*)等食虫植物的变态叶(图 2-66)。茅膏菜的捕虫叶呈盘状或半月形,边缘长有密密层层的腺毛,用来引诱捕捉小虫;猪笼草的捕虫叶呈瓶状,瓶的下部有水样消化液,瓶的内壁光滑,有倒生的刺毛,瓶口有倒刺及内卷结构,外有一极滑的瓶盖,并有蜜腺分布。当虫子为猪笼草捕虫叶的蜜所引,爬至瓶口,不小心就会滑进瓶内,被消化吸收。

4. 苞片叶

指着生于花轴、花柄或花托下部的变态叶。苞片叶仅由叶片组成,托叶、叶柄完全不发育。通常将着生于花序轴上的苞叶称为总苞叶,将着生于花柄或花托下部的苞叶称为小苞叶或苞片。苞片一般较小,仍呈绿色,但也有一些植物的苞片较大且具有各种颜色,如珙桐(*Davidia involucrata*)(图 2-67)。

茅膏菜

食虫草

猪笼草

图 2-66 食虫叶

珙桐的总苞

红掌(*Anthurium andraeanum*)的总苞

图 2-67 苞片叶

5. 鳞叶

叶的功能特化或退化成鳞片状,鳞叶的托叶、叶柄完全不发育(图 2-68)。鳞叶有革质、肉质、膜质三种类型。其中,革质鳞叶的叶片革质而呈鳞片状,被覆于芽的外侧,通常为褐色,具有茸毛或黏液,有保护芽的作用,也被称为芽鳞[如玉兰、山茶(*Camellia japonica*)];肉质鳞叶的叶片肉质而呈鳞片状,常出现在鳞茎上,贮藏有丰富的养料[如贝母(*Fritillaria* spp.)、洋葱];膜质鳞叶呈褐色干膜状,地下茎通常都具有很薄的膜质鳞叶(如大蒜、姜)。

玉兰

杨树

图 2-68　鳞叶

6. 叶状柄（叶柄状叶）

叶状柄是叶片完全退化或大多退化，叶柄转变成扁平的片状，并行使叶的功能的变态叶。叶状柄常含有叶绿素，具有发达的气孔，能进行光合作用，亦可进行蒸腾作用。叶状柄的叶脉与其同科植物的叶柄或叶鞘的结构相似，而与叶片的叶脉结构不同。中国台湾相思树和澳大利亚干旱地区的一些金合欢属（*Acacia*）植物的真叶为羽状复叶，长大后小叶退化，叶柄变为叶状柄（图 2-69）。

图 2-69　台湾相思树的叶状柄

第三节　根

根是陆生植物从土壤中吸收水分和矿物质的器官，也是植物用来固定于地上的器官,根具有吸收、固定、输导、繁殖和分泌等功能。植物合成的糖类和其他营养物质也大多在根中储存,此外根还具有合成氨基酸、激素和生物碱的功能。根是植物登陆以后才出现的器官,除苔藓植物外,所有的高等植物都有根。

一、根的形态

(一) 主根、侧根和不定根

根据发生部位的不同,根可以分为主根、侧根和不定根。

主根:种子萌发时,胚根最先突破种皮,向下生长,这种由胚根生长出来的根称为主根。

侧根:主根一般垂直向地下生长,长到一定的长度就产生许多分支,这种由主根上分支形成的根称为侧根。

一般将主根和侧根称为定根。有些植物,除主根和侧根外,在茎、叶、老根或胚轴上也能长出根,称为不定根。主根又称为初生根,而侧根和不定根又称为次生根。

(二) 直根系和须根系

一株植物地下部分所有根的总体称为根系,根据根的发生和形态的不同,根系可以分为直根系和须根系两种类型(图 2-70)。

1. 直根系

主根一般垂直向地下生长,长到一定长度产生侧根。侧根长到一定长度时又产生新的侧根,这种分支形成的根系称为直根系。直根系主要由定根组成,具有粗壮的主根和逐渐变细的各级侧根。裸子植物和多数双子叶植物的根系是直根系类型。

2. 须根系

主根长出后不久就停止生长或死亡,而由胚轴和茎下部的节上生出的不定根组成根系。这些根大小一致,看不出明显的主根,这种分支形成的根系称为须根系。须根系主要由不定根和侧根组成,由粗细较均匀、呈丛生状态的根组成。单子叶植物,如小麦、玉米、水稻等的根系是须根系类型。

直根系　　　　　　　须根系

图 2-70　直根系和须根系

通常直根系植物的根能深入土壤的深层，又称为深根系；而须根系植物的根主要生长在浅层土壤中，其主根生长时间短，根系主要由不定根和侧根组成，不定根向水平方向生长占优势，因此又称为浅根系。

二、根的结构

（一）根尖的结构

从根的顶端到着生根毛的部位称为根尖。根尖是根生命活动最活跃的部位，根的伸长、水分和无机盐的吸收、成熟组织的分化以及对重力与光线的反应都发生于这一区域。根据根尖细胞的形态和功能，通常将根尖分为四个生长区：根冠区、分生区、伸长区、根毛区（图 2-71）。根尖的这四个部分是连续的，彼此间没有明显的界线，而且是依次向前发展。

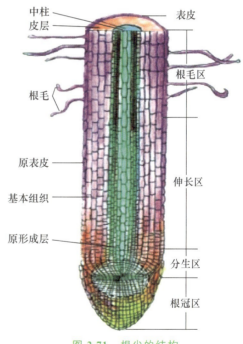

图 2-71　根尖的结构

1. 根冠区

根冠区位于根尖的最顶端,由近等径的薄壁细胞不规则排列构成,形似帽状,套在根分生区的外围。根冠区的主要功能是保护根尖分生区组织;分泌黏液,有润滑作用,并形成吸收表面;另外根冠区与植物根的向地性生长有关。

根冠区由分生区的细胞分裂形成,根冠区的组成细胞包括三类:

(1)根冠分生细胞:与分生区相连,其细胞较小,排列紧密,分裂能力较强,当根冠外层细胞受损脱落时能产生新的细胞来补充,使根冠始终维持一定的形状和厚度。

(2)根冠中央细胞:富含具淀粉粒的造粉体,可以感受重力的作用,在植物器官变换位置时,造粉体移动,使带负电荷的生长素向下移动,根向下生长(图 2-72)。

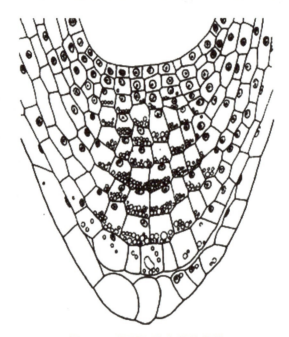

图 2-72 根冠细胞内的淀粉粒

(3)根冠外层细胞:细胞排列疏松,细胞含有较多的高尔基体,具很强的分泌功能。根冠的外层细胞因根在土壤中生长时不断受到摩擦损伤而脱落,脱落的细胞残体及高尔基体分泌的物质可以在根冠外形成一层黏液状的物质,减少根尖穿越土壤缝隙时的摩擦。

2. 分生区

分生区位于根冠的后面,长 1~2 mm,由顶端分生组织及其附近活跃分裂的细胞构成,整体如圆锥,故又名生长锥。分生区细胞较小,排列紧密,细胞近似于正方形,核大、细胞质浓,具有较强的分裂能力,能不断地进行细胞分裂补充根冠和伸长区细胞,使根尖不断生长和伸长。

分生区前端是原分生组织,由原始细胞及其衍生细胞构成;分生区后端细胞是初生分生组织,这些细胞在分裂的同时开始出现分化,在细胞的大小和形状方面出现差异,形成原表皮、基本分生组织和原形成层三种初生分生组织。初生分生组织将来进一步分化可形成中柱、皮层和表皮等初生结构。

3. 伸长区

伸长区位于分生区的后面,长 2~5 mm,是初生分生组织到初生组织的过渡区域,具有一定的吸收能力。伸长区的细胞分裂能力减弱,但细胞体积开始迅速伸长。伸长区是根伸长最快的地方,根尖的生长主要靠伸长区细胞的伸长和分生区细胞的分裂。

伸长区是分生区细胞分裂产生的,基本上由初生分生组织组成,其细胞分裂减弱,体积增大,纵向伸长,并且开始分化,出现大液泡。伸长区细胞愈靠近成熟区分裂活动愈弱,分化程度则逐渐加深,在伸长区的后方,已分化出原生木质部的导管和原生韧皮部的筛管。

4. 根毛区

根毛区位于伸长区的后面,又称为成熟区,长约几毫米到几厘米,依植物种类而异。根毛区的细胞停止分裂,但细胞体积持续增大。在一些根毛区的表皮细胞上可产生根毛,一般长 0.5~10 mm,直径约 10 μm。

根毛是表皮细胞的外壁向外突出形成顶端密闭的管状结构。根毛细胞的中央是大液泡,细胞核随根毛的生长而逐渐移到它的前端,多数细胞质集中于突出部,并含有丰富的内质网、线粒体与核糖体。根毛细胞的细胞壁薄,可分泌有机酸。

在表皮细胞伸长的时候,根毛就已开始分化。成熟区的根毛母细胞进行一次不等分裂,形成一长一短两个子细胞,短的子细胞即为生毛细胞,生毛细胞向外突出而形成半球形突起。以后该突起逐渐呈管状延伸而形成具有顶端封闭结构的、无分支的长管状根毛(图 2-73)。

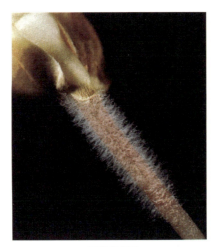
玉米的根毛

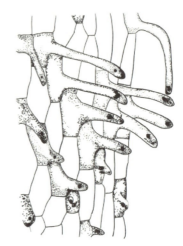
根毛发生过程(仿李正理,改绘)

图 2-73　根毛的形态

根毛寿命一般只有 2～3 周,随着根的生长,根毛区不断前移。当土壤干旱或植物体内缺水时,首先会引起根毛萎蔫而枯死,从而影响根的吸收。后期水分条件变好时,根毛也需要几天时间才能重新产生,这是干旱造成减产的主要原因之一。

（二）根的初生结构

根尖的根毛区已分化形成各种成熟组织,这些成熟组织是由顶端分生组织分裂产生的细胞经生长和分化形成的结构,称为根的初生结构。

1. 双子叶植物根的初生结构

双子叶植物根的初生结构由初生分生组织发育而来,由外向内由表皮、皮层、维管柱三部分组成(图 2-74)。

（1）表皮

表皮是根最外面的一层生活细胞,来源于初生分生组织的原表皮。表皮细胞为长方体形,长轴和根的纵轴平行。表皮细胞排列整齐,细胞壁薄,无角质层。大多数表皮细胞有根毛的形成,只有水生植物和少量的旱生植物没有根毛。根的表皮是一种吸收组织,根毛的存在极大地扩大了根的吸收表面积。根毛细胞外壁含有纤维素、果胶质

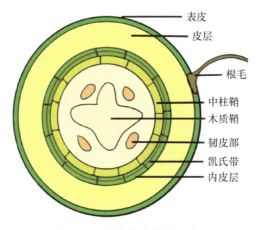

图 2-74 根的初生结构示意

和角质层,黏性较大,因此,当不断向前延伸并穿透土壤时,根毛上就常附着有大量土壤颗粒。

生长在热带的兰科植物和一些附生的天南星科(Araceae)植物的气生根,其表皮由多层死细胞组成,称为根被。根被主要起保护作用,可防止皮层的水分丧失。

(2) 皮层

皮层由表皮层内的多层薄壁细胞组成,来源于初生分生组织的基本分生组织。皮层在根的初生结构中占相当大的部分,皮层细胞排列疏松,体积较大并且高度液泡化,通常没有叶绿体,但含有淀粉粒。

皮层最外的一到几层细胞常常排列整齐,没有细胞间隙,称为外皮层,当根毛枯死,表皮脱落时,外皮层细胞的细胞壁增厚并栓质化,形成保护组织代替表皮起保护作用。

皮层的最内一层细胞体积较小,排列紧密,称为内皮层。内皮层细胞的侧壁和横壁上有带状加厚,呈带状围绕细胞一周,称为凯氏带(图 2-75),在横切面上相邻两个内皮层细胞的径向壁往往可呈现点状结构,称为凯氏点。凯氏带形成后,细胞壁中渗入木质素和栓质素等脂类成分,并且凯氏带与质膜紧密结合在一起,阻止了内皮层细胞壁间的运输,所有通过皮层运输到维管柱的水分和溶质,都要经过内皮层质膜的选择。内皮层细胞壁的加厚具有控制根的物质转移的作用,同时也增强了对维管柱的保护。

一般地,皮层有暂时贮存养料的作用。在水生植物中,皮层细胞的一部分损毁消失,形成通气组织。

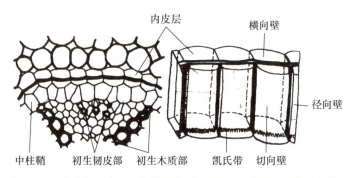

图 2-75　内皮层的结构(左图示内皮层位置;右图示凯氏带位置)

（3）维管柱

维管柱亦称中柱,包括内皮层以内的所有组织,由中柱鞘、木质部和韧皮部组成(图 2-76)。

① 中柱鞘:是维管柱的最外层组织,通常由 1~2 层薄壁细胞组成,细胞排列紧密,分化程度较低,具有潜在的分裂能力,可以形成侧根、不定根、不定芽以及一部分维管形成层和木栓形成层等组织。

② 初生木质部:一般位于中心,并具有几个棱角,整个轮廓呈星芒状,木质部棱角的数目,各种植物不同,可分为二原型、三原型、四原型、多原型等。初生木质部发育成熟的方式为外始式,即由外向内逐渐成熟,靠近中柱鞘的木质部束的尖端部分最早成熟,为原生木质部,其导管多为环纹和螺纹导管;靠近中央部分的木质部为后生木质部。其导管多为梯纹、网纹和孔纹导管。初生木质部由导管、管胞、木纤维和木薄壁细胞组成。

③ 初生韧皮部:位于木质部的两束中间,与木质部相间排列,因此其数目与木质部棱角数相同。一般将根中这种木质部与韧皮部相间排列的维管束称为辐射维管束。初生韧皮部由筛管、伴胞、韧皮纤维、韧皮薄壁细胞组成。初生韧皮部发育成熟的方式也是外始式,即原生韧皮部在外,后生韧皮部在内。

初生木质部和初生韧皮部之间为薄壁组织细胞隔开,这些细胞在植物进行次生生

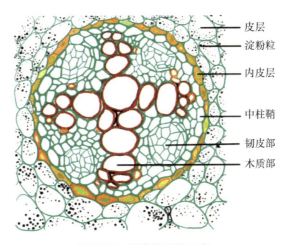

图 2-76　维管柱结构示意

长时可以转变为维管形成层。

根的中央部分往往由后生木质部所占据,在少数双子叶植物和大多数单子叶植物中,维管柱中央部分并不分化为木质部,而是以薄壁组织或厚壁组织的形式存在,称为髓,如蚕豆、玉米的根。

2. 单子叶植物根的初生结构

单子叶植物的根系多为须根系,根的初生结构由外向内由表皮、皮层、维管柱三部分组成,下面以禾本科植物为例说明(图 2-77,图 2-78)。

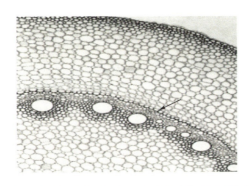

图 2-77　玉米根的初生结构(局部),箭头所指为马蹄形加厚的内皮层

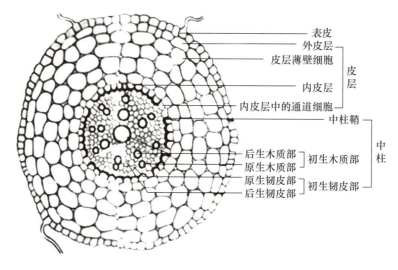

图 2-78　小麦根的初生结构

（1）表皮

禾本科植物根的表皮位于根的最外围，通常由单层细胞组成，细胞排列整齐紧密，细胞壁薄，不角质化。部分表皮细胞外壁突出，形成根毛。与茎和叶的表皮细胞不同，禾本科植物根的表皮细胞没有长细胞和短细胞的分化。

（2）皮层

禾本科植物根的皮层中，靠近表皮的一层至数层细胞为外皮层。在表皮根毛枯萎后，外皮层往往转变为厚壁的机械组织，起支持和保护作用。在外皮层以内为细胞数量较多的皮层薄壁组织，细胞排列疏松，有明显的胞间隙，有些皮层细胞含有淀粉粒，具有贮藏作用。在水稻等植物的老根中，部分皮层薄壁细胞互相分离，后解体形成通气组织。

禾本科植物的内皮层也有凯氏带加厚。但和双子叶植物内皮层加厚不同，单子叶植物的内皮层会随着发育进一步加厚，在根发育后期，其内皮层细胞在横切面上呈"马蹄形"加厚，即除外切向壁未加厚外，其余五面均增厚。在正对着初生木质部辐射角处的内皮层细胞常常停留在凯氏带阶段不再发育，这些内皮层细胞称为通道细胞，是维管柱内外物质运输的通道。

(3) 维管柱

禾本科植物的维管柱在横切面上占据的面积较小，而皮层则面积较大。维管柱通常由中柱鞘、初生木质部、初生韧皮部和薄壁细胞组成，有些植物维管柱中还有髓的结构。维管柱的髓、中柱鞘等结构在根发育后期常常木质化。

禾本科植物的中柱鞘通常由1~2层薄壁细胞组成，细胞排列紧密，分化程度较低，具有潜在的分裂能力。

禾本科植物的维管柱同双子叶植物根的维管柱一样，均为辐射中柱，木质部和韧皮部相间排列。与双子叶植物相比，禾本科植物的维管柱为多元型，通常初生木质部束数为6束以上。初生木质部由外向内成熟，即靠近中柱鞘的木质部束的尖端部分最早成熟，为原生木质部，其导管多为环纹和螺纹导管；靠近中央部分的木质部为后生木质部，其导管多为梯纹、网纹和孔纹导管。初生韧皮部位于两木质部束中间，因此其数目与木质部棱角数相同。初生韧皮部由筛管、伴胞、韧皮纤维、韧皮薄壁细胞组成。初生韧皮部发育成熟的方式也是外始式，即原生韧皮部在外方，后生韧皮部在内方。初生木质部和初生韧皮部之间的薄壁细胞不能恢复分裂能力，不产生形成层，其细胞壁在根发育后期木质化。

3. 裸子植物根的初生结构

裸子植物根的初生结构和木本双子叶植物根的初生结构基本相同，包括表皮、皮层及具凯氏带的内皮层、维管柱等部分，一些裸子植物的根中也具有髓的结构。在皮层、维管柱和髓中，常常具有树脂道的结构。维管柱木质部的棱角数量与双子叶植物类似，韧皮部与木质部相间排列，但维管组织的细胞类型与双子叶植物有差别，多数裸子植物初生木质部无导管，而仅具管胞；初生韧皮部无筛管和伴胞，而仅具筛胞。

(三) 根的次生结构

一年生双子叶植物和大多数单子叶植物根一般只有初生结构，而裸子植物和多年生双子叶植物根除了初生结构外，还有次生分生组织形成的次生结构（图2-79）。根的次生分生组织一般分为两类：维管形成层和木栓形成层，前者形成次生维管组织，后者形成周皮。

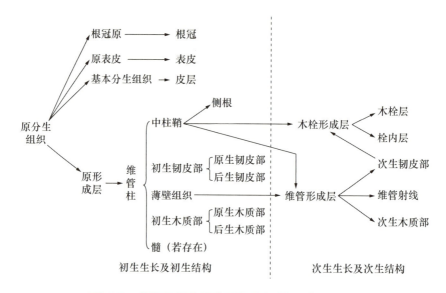

图 2-79 双子叶植物根的形成过程(仿马炜梁改绘)

1. 维管形成层的产生

维管形成层首先由初生结构中木质部与韧皮部之间的薄壁细胞经过恢复分裂能力而形成。随后,中柱鞘的一部分细胞也恢复分裂能力,转变为维管形成层。

根的维管形成层一般只有一层细胞。由维管形成层细胞进行切向分裂产生的新细胞,一部分向内形成新的木质部细胞,加在原来的初生木质部的外面,称为次生木质部;另一部分向外形成新的韧皮部细胞,加在原来的初生韧皮部的里面,并将初生韧皮部推向外面,称为次生韧皮部。

2. 维管柱

次生结构的维管柱中,由于维管形成层向内形成次生木质部的分裂多于向外形成次生韧皮部的分裂,因而,随着年龄的增加,木质部在维管柱中所占的比例也不断增加。次生维管柱比初生维管柱多具有一种径向排列、贯穿次生木质部与次生韧皮部之间的薄壁组织细胞——维管射线。

木本双子叶植物根次生结构的组成和初生结构中的相似,次生木质部主要包含导管、管胞、木纤维和木薄壁等细胞,次生韧皮部主要包含筛管、伴胞、筛胞、韧皮纤维、韧皮薄壁细胞。

松柏类裸子植物根的次生结构也由次生韧皮部、维管形成层和次生木质部等部分构成。裸子植物根的维管组织的组成细胞与裸子植物的茎类似,一般木质部只含有大量管胞、少量木薄壁组织、木射线与树脂道等,木质部中没有导管和纤维,管胞兼具输送水分和支持的作用。裸子植物根的次生韧皮部中只含有筛胞、韧皮薄壁细胞和韧皮射线,没有筛管和伴胞。

双子叶植物和裸子植物根的次生结构也具边材、心材等结构,但早材和晚材的区别不明显,这与根生长在土壤中受季节性影响较小有关。与茎的次生结构相比,根次生韧皮部的韧皮薄壁组织较发达,韧皮纤维的量较少;根次生木质部的导管直径偏大,木纤维的量较少。

3. 周皮

由于形成层的分裂活动,根不断加粗,维管柱外围的皮层组织,在根加粗过程中被拉挤而最后被撑破。在皮层被破坏之前,中柱鞘细胞恢复分裂能力,形成木栓形成层,木栓形成层一般只有一层,它可进行切向分裂,向内形成少数生活的细胞——栓内层,向外产生多层排列紧密、木栓化的死细胞——木栓层。木栓层、木栓形成层和栓内层共同组成具有保护作用的周皮。

木本双子叶植物和裸子植物的根中,当木栓形成层本身木栓化而死亡时,能在其内方深处再产生新的木栓形成层,形成新的木栓层。所以木栓形成层的发生位置将随着根内部次生维管组织的不断增加而逐渐内移,最后从次生韧皮部产生,而老根的外表面则始终有褐色的木栓组织保护(图 2-80)。

(四)根三生生长和三生结构

植物的贮藏根如番薯、甜菜(*Beta vulgaris*)等,除了进行次生生长产生次生结构外,还可进行三生生长产生三生结构。

根的三生生长是指由根的次生木质部或次生韧皮部的薄壁细胞脱分化后恢复分裂能力,转变为形成层进行的生长。这种在正常维管形成层以外产生的形成层称为副形成层或额外形成层,分别向其内外两侧产生三生木质部和三生韧皮部组成三生结构。三生结构中输导组织细胞的比例较少,以木薄壁细胞和韧皮薄壁细胞为主。

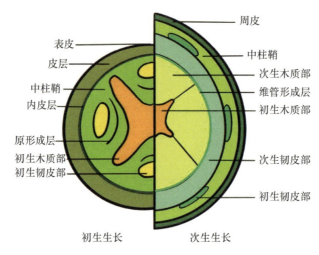

图 2-80 根的初生结构与次生结构的比较

三、根的变态

通常将在形态、结构和生理功能发生了显著变化的根称为变态根。变态根是植物体在长期演化发展过程中形成的一种可以稳定遗传的变态,是适应环境的结果。根的变态包括贮藏根、气生根、寄生根、共生根等类型。

(一)贮藏根

根一部分或全部肥厚肉质,储藏有丰富的营养物质。这些物质多半贮存在髓部、皮层以及木质部和韧皮部的基本组织中,多见于2~3年或多年生草本植物。根据发生来源不同,贮藏根通常包括肉质根和块根两种类型。

1. 肉质根

主根发达膨大,贮存大量养料,以供植物过冬后次年生长的需要。如胡萝卜(*Daucus carota*)、萝卜(*Raphanus sativus*)、甜菜等的根(图2-81)。

2. 块根

由侧根或不定根膨大形成,在外形上比较不规则,且膨大部分没有茎和胚轴的部分,一个植株往往可以形成许多膨大的块根。如番薯(图2-82)。

图 2-81　肉质根　　　　　　　图 2-82　块根

（二）气生根

露出地面，生长在空气中的根。根据生理功能和结构的不同可分为支柱根、呼吸根、攀援根等类型。

1. 支柱根

一些浅根系的植物，可以从茎中长出许多不定根，向下深入土中，形成支持植物体的辅助根系。如玉米、榕树（*Ficus microcarpa*）的不定根（图 2-83）。

玉米　　　　　　　　　　　榕树

图 2-83　支柱根

2. 呼吸根

生长在沼泽地带的一些植物,因为植株的一部分被淤泥掩埋,生在泥中的根呼吸困难,有一部分根垂直向上生长,暴露在空气中,这些根中有发达的通气组织,有利于通气和贮存气体。如红树(*Rhizophora apiculata*)、水松(*Glyptostrobus pensilis*)等(图 2-84)。

图 2-84　红树植物的呼吸根

3. 攀援根

指攀援茎上的不定根,植物的茎细长,茎上生有许多不定根,其中一些根先端扁平,可分泌黏液,用于固定在其他植物树干或墙壁上使植物攀援上升。如爬墙虎、凌霄(*Campsis grandiflora*)等(图 2-85)。

图 2-85　爬墙虎的攀援根

（三）寄生根

高等寄生植物所形成的一种从寄主体内吸收养料的变态根，又称为吸器。如菟丝子（*Cuscuta chinensis*）茎缠绕在寄主的茎上，茎皮层的外层细胞产生许多吸器，伸入寄主的茎组织，吸取寄主的水分和养料。吸器是不定根的变态（图 2-86）。

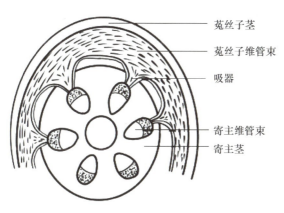

图 2-86　菟丝子的吸器

（四）共生根

植物的根系和土壤中的微生物有着密切的关系，一些微生物可以与根组织共生，植物的根为了适应与微生物的共生，在形态结构上发生改变。通常有根瘤和菌根两种类型。

1. 根瘤

根瘤是植物地下部分的瘤状突起，主要发生于豆科（Fabaceae）植物的根上（图 2-87）。豆科植物在幼苗期，其根毛分泌的有机物吸引土壤中的根瘤菌聚集在根毛的周围，并大量繁殖。土壤中的根瘤菌产生一些分泌物，刺激根毛先端卷曲和膨胀，同时，在根瘤菌分泌的纤维素酶的作用下，根毛细胞壁发生内陷溶解，随即根瘤菌由此侵入根毛。根瘤菌侵入植物体后，存在于皮层的薄壁细胞中，并且可在皮层细胞中大量繁殖，刺激皮层细胞进行分裂，导致皮层细胞数目增多，体积增大，形成瘤状突起，即根瘤。

根瘤菌在生活过程中分泌一些有机氮到土壤中，根瘤在植物的生长末期会自行脱落，从而大大提高了土壤的肥力。

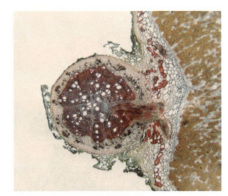

根瘤的形态　　　　　　　　　根瘤的结构

图 2-87　根瘤的形态结构

2. 菌根

与真菌共生的根称为菌根。菌根有外生菌根和内生菌根两种类型(图 2-88)。

(1) 外生菌根

真菌的菌丝包在皮层的外面或侵入皮层细胞的间隙,但不侵入细胞里面。真菌通常先在根部的外围形成一圈组织,然后再把菌丝伸到根部细胞间隙。外生菌根改变了植物根的形态,使根的分支增多,侧根缩短。具外生菌根的植物,根系通常不发达,菌丝代替根毛吸收外界水分和营养物质。许多木本植物如松属(*Pinus*)、水杉(*Metasequoia glyptostroboides*)、水青冈属有外生菌根。

(2) 内生菌根

真菌的菌丝着生在根的皮层细胞间隙或细胞中,但不进入内皮层和中柱。菌丝穿过细胞壁侵入细胞里面,同细胞的原生质体混生在一起,这些菌丝并不破坏寄主细胞的细胞膜和液泡膜。内生菌根通常包括杜鹃花类菌根、兰花菌根和丛枝菌根等。

内生菌根的菌丝一般不会在根部的外围形成一圈组织,但可形成许多分支状结构散布在细胞间隙,也可随根毛延伸到根部外面,或产生厚壁孢子伸到根部外面。内生菌根主要促进根内的物质运输、加强根的吸收机能,如兰科、杜鹃花科(Ericaceae)、银杏等植物有这种菌根。

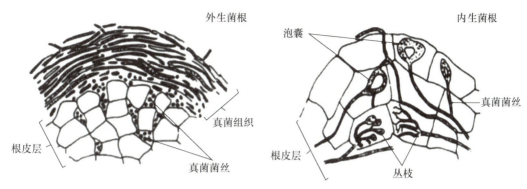

图 2-88　外生菌根和内生菌根示意

第四节　植物营养器官之间的连接

植物根、茎、叶等营养器官间的组织是相互联系的,各器官的皮组织系统、维管组织系统和基本组织系统是连续的,它们共同构成植物体统一的整体。

在种子植物中,维管组织是构成植物整体完整性的关键。维管组织在植物体内形成复杂而完善的体系,贯穿于植物体的各个部分,构成植物体的骨干,形成维管系统。

一、叶维管束和茎维管束的连接

叶着生于茎的节上,茎维管束在节处分支,进入叶中,通过叶柄,形成反复分支的叶脉。茎维管束和叶维管束通过叶迹连接。

(一) 叶迹

从茎中分支到穿过皮层至叶柄基部的这一段维管束称为叶迹。每片叶的叶迹数目因植物种类而异,但同一种植物往往是固定的。叶片脱落后,在叶痕上可看到叶迹的痕迹(图 2-89)。

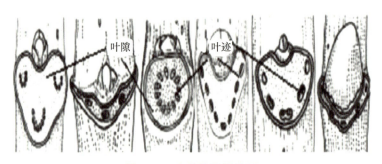

图 2-89　叶痕的不同类型

（二）叶隙

由于叶迹的分化，茎中维管束在叶迹上方出现一个由薄壁细胞所填充的区域，这一区域称为叶隙。一般双子叶植物一个节上的叶隙以三个居多，称为三叶隙。单子叶植物的茎中维管束分布复杂，叶隙多不明显。

（三）次生生长对叶隙和叶迹的影响

次生生长会影响叶隙和叶迹的结构，当束间形成层在叶隙的薄壁组织中出现时，新产生的木质部和韧皮部最初出现于叶隙的边缘，然后逐渐向中央推进，叶隙逐渐变窄，最后使整个叶隙完全封闭。如果叶隙较宽时，形成层需要两年以上时间的活动才能使整个叶隙合拢，从而使其次生维管组织连成筒状。

（四）单子叶植物的叶迹和叶隙

禾本科植物茎、叶通过叶鞘基部与茎连接，茎中的叶迹经茎的节进入叶鞘、叶片成为平行叶脉。在茎节处，与叶中脉相连的大的叶迹常向茎中心作不同程度的弯曲，小的叶迹则留在茎外围。这些叶迹维管束可以单独成束向茎下部伸展，经一个或几个节间再与茎中原有的维管束合并，并在节部出现重新分支与联合，成为茎散生中柱的一部分。

二、茎与分枝的连接

茎和分枝通过枝迹相连。主茎维管束通过皮层进入枝条的部分叫枝迹。每一枝条的枝迹数目多为两个。枝迹从茎的维管柱分出并向外弯曲，因而在枝迹的上方，也同样出现薄壁组织填充的区域,称为枝隙(图 2-90)。

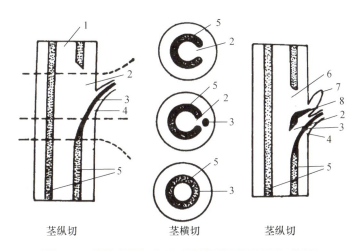

图 2-90 叶迹、叶隙、枝迹、枝隙图解(仿马炜梁,改绘)
1. 髓;2. 叶隙;3. 叶迹;4. 叶柄;5. 茎的维管组织;6. 枝隙;7. 腋芽;8. 枝迹

三、根茎之间的维管束连接

根和茎是连续的结构,共同组成植物体的体轴。根和茎维管组织的初生结构有较大的差异,如在维管束的类型和排列以及成熟的顺序上不同,被子植物的根具有辐射排列的维管组织,初生木质部的发育方式为外始式;茎具有并生维管束,初生木质部的发育方式为内始式。因此,根和茎之间必然有一个结构上的转变,这样维管组织才能互相连接。

植物体根茎结构转变和连接的地方是下胚轴,在下胚轴有一过渡区,一般初生维管组织就在过渡区由根的排列方式按着一定的规律进行分割、旋转和靠合,转变为茎的排列方式。过渡区的长短不同植物不同,从不足1毫米到几厘米。

根茎的转换方式有很多类型,这里以二原型和四原型根的转化为例加以介绍(图 2-91)。

(1)二原型根变为四个散生维管束的茎(每束木质部一分为二后与一束韧皮部结合)。

(2)四原型根变为四个散生维管束的茎(每束韧皮部与木质部均一分为二,后每一分开的木质部与分开的韧皮部结合)。

（3）二原型根变为两个散生维管束的茎(每束韧皮部一分为二,各与相邻韧皮部连接,后与一束木质部结合)。

（4）四原型根变为两个散生维管束的茎(每束韧皮部与相邻一韧皮部连接;木质部仅有两束一分为二,三束木质部与一束韧皮部结合)。

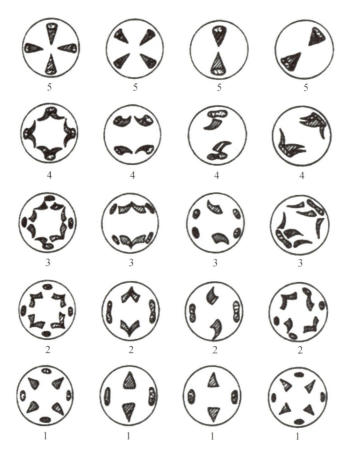

图 2-91　根茎过渡区横切面图解(引自高信曾)

1. 根；2~4. 维管束转变的各个时期；5. 茎

第五节　植物营养器官与环境之间的关系

一、光对植物形态结构的影响

（一）光质对植物形态结构的影响

植物根据其与光照强度的关系，可分为阳地植物、阴地植物和耐荫植物。

阳地植物是在阳光完全直射的环境下生长良好的植物，它们多生长在旷野、路边。一般农作物、草原和沙漠植物以及先叶开花的植物都属阳地植物。

阴地植物是在较弱光照条件下，即荫蔽环境下生长良好的植物。阴地植物要求的光照强度较弱是与阳地植物比较而言的，当光照强度达不到阴地植物的补偿点时，它们也不能正常生长。阴地植物多生长在潮湿背阴的地方，或生于密林草丛内。

耐荫植物是介于阳地植物与阴地植物两者间的植物。它们一般在全日照下生长最好，但也能忍耐适度的荫蔽，它们既能在阳地生长，也能在较阴的环境下生长，而不同种类的植物，耐荫的程度有着极大的差异。

阳地植物和阴地植物叶片的比较如表2-2所示。

阳地植物叶片较小、叶缘浅裂较深，表皮细胞小，角质层较厚，气孔数目较多且多分布于下表面，表皮毛发达；叶肉组织厚，栅栏组织发达，细胞层次多，海绵组织不发达，细胞间隙小，机械组织发达。向阳叶近轴面和远轴面的角质层都较厚，角质层构成复杂并且角质上面常附有鳞片状蜡质。

阴地植物叶片一般大而薄，表皮细胞有时具有叶绿体，角质层较薄，气孔较少，叶肉细胞叶绿体数目少而体积大，内含叶绿素b较多，叶片颜色相对较绿，栅栏组织不发达，胞间隙较发达，叶脉分布较疏。叶面一般与光线垂直，以利于吸收更多的光线。一些树木（如洋槐）其树冠下部和内部的叶片，常因缺乏充足光照，具蜡质或绒毛。

即使在同一植物上，因叶所处位置的光照不同，也会有阴生与阳生的差异。一般来说树冠上部和向阳一面的叶，具阳生叶特征；而树冠下部和阴面的叶则具阴生叶的特点（表2-2，图2-92）。

表 2-2　阳地植物和阴地植物叶的比较

形态和生理特征		阳地植物	阴地植物
形态特征	叶片大小	较小	较大
	角质层厚度	较厚	较薄
	单位面积气孔数目	较多	较少
	气孔大小	较小	较大
	叶肉厚度	较厚	较薄
	栅栏组织	发达	不发达
	叶脉	较密	较稀
生理特征	光饱和点	高	低
	光补偿点	高	低
	光合能力	较强	较弱
	呼吸强度	较高	较低
	蒸腾作用	较高	较低
	水分含量	较低	较高

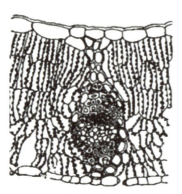
阳生环境

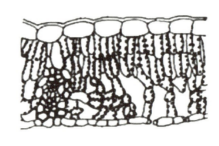
阴生环镜

图 2-92　生长在不同光环境下的糖槭叶片横切

高光强度下的叶片,细胞的大小和数量增加,其中海绵组织的细胞数量显著变化,但单位叶面积上栅栏细胞数量则变化不大。研究指出:叶肉在一定环境下存在一个最佳栅栏组织与海绵组织的比例,这个比例随环境光强增大而增大,最佳比例也受叶肉组织光合特性差异的影响。

在光不足或缺乏光的情况下,植物会发生黄化现象。双子叶植物往往节间增长而叶片缩小,单子叶植物往往节间缩短而叶片增宽。

(二)光质对植物形态结构的影响

一般认为蓝紫光及青光可以影响植物的生长及幼芽的形成,能促进花青素的形成,抑制长高,形成矮态。紫外线能抑制植物内某些激素的形成,从而抑制茎的伸长。高山植物一般都具有茎干短矮、叶面积缩小、毛绒发达、叶绿素增加、花朵颜色鲜艳等特征。

不同生活型植物在器官发生和发育上对光质有不同要求,如阴地植物喜欢散射光,而阳地植物更喜欢直射光。对光合产物来说,红光有利于碳水化合物的合成,蓝光有利于蛋白质和有机酸的合成。

二、温度对植物形态结构的影响

(一)低温植物

低温植物的特点:植物的芽及叶片常有油脂类物质保护,芽具有鳞片,植物的器官表面覆盖有蜡粉和密毛(图 2-93)。寒冷能使叶片增厚,这种增厚主要是增大叶肉细胞体积,而不增加细胞层数。树皮有较发达的木栓组织,植株矮小,常呈匍匐、垫状或莲座状。

(1)形态结构适应:有些植物通过改变生长形态躲避寒害,有些植物植株低矮贴地,有些植物丛生呈半球状或莲座状凸起的垫状体,如垫状蚤缀(*Arenaria bryophylla*)、垫状点地梅(*Androsace tapete*)等;有些植物茎叶颜色深暗,体表被毛浓密,借此提高地上部分体温。

(2)生理适应:低温环境的植物可以通过减少细胞中的水分和增加细胞中的糖类、脂类和色素等来降低植物的冰点,增加抗寒能力;低温环境的植物往往具有抗寒性,并且其抗寒性是随着气温降低而逐渐形成的,称为抗寒锻炼。

(3)行为适应:有些植物通过休眠或落叶来增加抗寒能力;有些植物可以迅速完成生活周期,随后整个植株或地上部分干枯死亡,以种子或地下器官休眠度过寒冷季节。

（二）高温植物

高温植物的特点：植物体具有密生的绒毛、鳞片，有些植物体呈白色、银白色，叶片革质发亮等（图 2-93）。有些植物叶片垂直排列，叶缘向光，有些植物在高温时，叶片可以折叠。有些植物的树干和根茎生有很厚的木栓层，具有绝热和保护作用。

植物对高温的生理适应：

（1）降低细胞含水量，增加可溶性糖或盐的浓度，有利于减缓代谢速率和增加原生质的抗凝结能力。

（2）靠旺盛的蒸腾作用避免植物体因过热而受害，如西瓜通过大量蒸腾水分可使体温比气温低 15 ℃ 左右。

（3）叶表面或表皮毛反射光线，叶片侧向阳光等，还有一些植物具有反射红外线的能力，避免植物体受到高温伤害。

低温植物

高温植物

图 2-93　低温植物和高温植物

三、水对植物形态结构的影响

（一）陆生植物

陆生植物指生长在陆地上的植物。陆生植物可以分为湿生、中生和旱生三类。

1. 湿生植物

湿生植物主要分布在阴湿的森林下面，如蕨类和兰科的一些植物。主要特点：叶片薄而大，角质层相对较薄，叶片柔软，海绵组织发达，栅栏组织和机械组织不发达，根系不发达,有些植物根部有通气组织和茎叶的通气组织连接。

2. 中生植物

中生植物指生长在水分条件适中的陆地上的植物。中生植物的种类最多,分布最广。中生植物的根系和输导系统比湿生植物发达,栅栏组织比湿生植物发达。中生植物的叶片表面角质层厚,栅栏组织排列整齐,叶肉细胞虽有细胞间隙,但没有通气组织。

3. 旱生植物

旱生植物通常具有保持水分和防止水分过度蒸腾的特点,植株矮小,根系发达。

旱生植物的叶片具有以下特点:叶片和角质层较厚、密被表皮毛;叶表面积和体积的比例减小。叶表面常具有多层表皮细胞,气孔下陷、孔下室明显;叶肉细胞变小,细胞壁增厚,为全栅等面叶(可提高光合效率),维管组织系统密度增大;有黏液细胞,可增强贮水、吸水能力。有些旱生植物叶片肉质化,如景天、马齿苋、芦荟等,其茎叶的表皮细胞有非常厚的角质层,气孔数量较少,薄壁组织细胞较大,贮存有大量的水分。还有一些旱生植物的叶片退化成刺,茎变为肉质,如仙人掌科植物(图2-94)。旱生植物的叶脉中常常可看到管胞和一些石细胞。有些旱生植物的叶片具有大量的厚壁组织,往往具有很大的机械强度,可以减低萎蔫时的损伤。另外,一些旱生禾草类植物的叶片在干旱时可以内卷,也是有效的抗旱方式。旱生植物的叶片常含有树脂或单宁,或其他一些胶体物质,这些物质的主要作用是阻碍水分的流动。

图2-94 旱生植物

4. 干旱对植物的影响

干旱时,当植物失水超过了根系吸水,植物体内的水分平衡遭到破坏,会出现叶片和茎的幼嫩部分下垂的现象,这种现象称为萎蔫。萎蔫可分为暂时萎蔫和永久萎蔫。

夏天中午的强光高温使植物蒸腾作用剧烈,根系吸水来不及补偿,使幼叶嫩茎萎蔫。但到傍晚和次日清晨,随着蒸腾作用的下降,茎叶又恢复原状。这种靠降低蒸腾即能消除水分亏缺以恢复原状的萎蔫称为暂时萎蔫。

如果土壤中可供植物利用的水分过于缺乏,萎蔫的植物经过夜晚后也不能消除水分亏缺,植物不能恢复原状,这种萎蔫称为永久萎蔫。

(二)水生植物

水生植物根据生长环境内水深度的不同,可以划分为沉水植物、浮水植物和挺水植物。

1. 沉水植物

整个植物体沉没在水下,与大气完全隔绝,有些植物仅在开花时露出水面,如狸藻(*Utricularia vulgaris*)、金鱼藻(*Ceratophyllum demersum*)等(图2-95)。

金鱼藻　　　　　　　眼子菜　　　　　　　狸藻

图 2-95　沉水植物

沉水植物的叶常细裂成丝状,可以增加和外界进行气体交换的表面积;叶表皮细胞的细胞壁薄,没有角质层和蜡质层,没有表皮毛,气孔很少或没有气孔,表皮细胞能直接吸收水分、矿质营养和水中的气体;表皮细胞常含叶绿体,可以吸收和利用光能;沉水植物的叶肉组织不发达,只有少数几层细胞,便于光透入组织,叶肉细胞内叶绿体大而多,叶肉栅栏组织极度退化,没有栅栏组织与海绵组织的分化;根和茎的皮层很大而中柱很小,通气组织发达。因沉水植物的叶片不需要机械组织的支持就能在水中伸展,其机械组织不发达。维管束中韧皮部发育正常,但木质部不发达,甚至有些种类的木质部完全退化。通气组织贮藏的气体可以满足光合作用和呼吸作用的需要,弥补气体吸收的不足(图 2-96)。

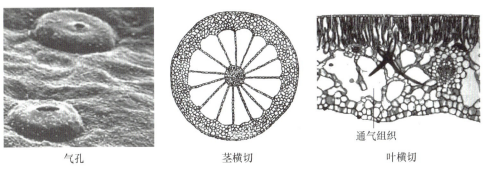

图 2-96　沉水植物(狐尾藻)的茎叶结构

2. 浮水植物

叶片漂浮在水面的植物,如菱、睡莲、莼菜(*Brasenia schreberi*)等(图 2-97)。浮水植物可分为完全漂浮植物和扎根植物两类。浮水植物叶片的上表皮有蜡质,气孔仅分布于上表面,气孔凸起,气孔数量较多;栅栏组织比较发达,但厚度仍小于海绵组织,海绵组织特化,有完善的通气组织。维管束和机械组织不发达,但比沉水植物完善,维管束中韧皮部比木质部发达。

水葫芦(*Eichhornia crassipes*)

睡莲

图 2-97　浮水植物

3. 挺水植物

植物的茎、叶大部分挺伸在水面以上的植物,如芦苇、香蒲(*Typha orientalis*)等(图

2-98)。挺水植物的形态结构特点类似中生植物,但又有一些区别:叶片面积大,叶片较薄,其上覆盖的角质层薄,叶肉细胞胞间隙大,经常发育出特殊的通气组织。

芦苇

香蒲

图 2-98　挺水植物

旱生植物与水生植物叶的比较如表 2-3 所示。

表 2-3　旱生植物与水生植物叶的比较

旱生植物	水生植物
叶小,窄而厚	叶大而薄
角质层厚,表皮毛及蜡被发达	角质层薄或无,表皮毛及蜡被不发达
常具复表皮,气孔下陷或生于气孔窝内	不具复表皮,无气孔,表皮特化为同化组织
栅栏组织发达,胞间隙少	没有栅栏组织与海绵组织的分化,通气组织发达
维管组织发达,机械组织发达	维管组织退化,机械组织不发达

四、二氧化碳(CO_2)浓度对植物叶形态结构的影响

C_3 植物将碳固定在栅栏组织和海绵组织中,叶肉组织中的 CO_2 浓度约为大气 CO_2 浓度的 70%,当大气 CO_2 浓度波动时,叶肉组织中的 CO_2 浓度也会随之改变以保持这个 70% 的比例,因而 C_3 植物对大气 CO_2 浓度的变化较为敏感。C_4 植物将碳固定在其维管束鞘中,由于维管束鞘被内皮层包围,很难与外界进行 CO_2 交换,因而植物维管束鞘组织的 CO_2 浓度和大气 CO_2 浓度之间没有固定比例,C_4 植物对大气 CO_2 浓度的变化不敏感。在 CO_2 浓度升高时,多数 C_3 植物叶片厚度增加,气孔密度变小,保卫细胞长度增加,而 C_4 植物变化不大。

一般认为 CO_2 浓度升高可增加保卫细胞水势,从而使气孔关闭,气孔导度下降。用高浓度 CO_2 处理植物的数周内,净光合速率有所增加,但如果继续进行高浓度 CO_2 处理,净光合速率的增加又明显减少,这种现象称为植物光合作用对高 CO_2 浓度的驯化。

五、风对植物营养器官形态结构的影响

风不仅能直接影响植物的形态和结构,同时还能通过影响气候因子(降水、温度、湿度、CO_2 浓度)和土壤因子,间接影响植物。

风使植物所有的器官组织都小型化、矮化和旱生化(风能减少大气湿度,破坏植物体内水分平衡,使成熟细胞不能扩大到正常的大小)。生长在强风中的植物叶片往往小而厚,多革质,表皮毛发达,气孔下陷;茎木栓层增厚,树皮较厚;根系发达,尤以背风区根系为发达。

此外,强风还能使植物形成畸形树冠,在盛行一个强风方向的地方,植物常形成"旗形树",乔木树干向背风方向弯曲,树冠向背风面倾斜(图 2-99)。

图 2-99　旗形树

六、沙生植物

沙生植物指生活在以沙粒为基质的沙土生境的植物。沙生植物耐旱、耐盐,根系及水平匍匐茎发达,营养繁殖能力很强。

沙生植物形态结构方面具有以下特征:

1. 植株特征

沙生植物的地上部分生长受到限制,多数植株较低矮,有些植物的枝条硬化成刺

状,如刺旋花(*Convolvulus tragacanthoides*)、骆驼刺(*Alhagi sparsifolia*)。有些植物的茎、叶常具白色表面以反射日光,如沙拐枣(*Calligonum mongolicum*)、梭梭(*Haloxylon ammodendron*)、白刺(*Nitraria tangutorum*);有些植物的叶子退化或极端缩小,靠绿色的枝条来进行光合作用,如梭梭、花棒(*Corethrodendron scoparium*)等。沙生植物根系发达,主根扎得深,侧根铺得广,根幅常为冠幅的几倍乃至几十倍(图2-100)。

图 2-100　沙生植物(沙柳,*Salix cheilophila*)

2. 叶片特征

沙生植物的叶一般强烈退化,具有旱生植物叶的特点。有的叶片面积大大缩小,发育着线状叶或鳞片状叶,有的甚至完全退化。如仙人掌的叶子完全变成针刺状;红砂(*Reaumuria songarica*)茎枝上的小叶退化成圆柱形;梭梭和柽柳(*Tamarix chinensis*)的叶片成了鳞片状,减少蒸腾耗水;有的植物叶片长成肉质状,贮存大量的水分,如盐爪爪(*Kalidium foliatum*)和霸王(*Zygophyllum xanthoxylum*);有的植物叶片表皮下有一层没有叶绿素的细胞,可提高植物的抗热性,保护内部组织不过分受热。而胡杨(*Populus euphratica*)的叶片更为奇特,为了缩小叶片面积以减少蒸腾,胡杨在一棵树上就有40多种叶型,甚至同一枝条上就长了5种不同形状的叶片。

3. 根系特征

沙生植物的根一般生长得比较快,尤其在幼苗期,地下部分的生长比地上部分快得多。沙生植物在被沙掩埋的茎和枝条上能形成不定根,在被风吹露出的根上能形成不定芽和枝。如柽柳、沙蒿(*Artemisia desertorum*)和花棒等的枝干被沙埋后可以生出不定根以阻拦大量流沙。另外,许多沙生植物的根上具有沙套,例如禾本科的冰草(*Agropyron cristatum*)。沙套是根系被一层由固结的沙粒形成的囊套所保护,是由根的外层分泌的液体黏结沙粒形成的,可使根系免受灼热沙粒灼伤和流沙机械损伤,同时能使根系减少蒸腾和防止反渗透失水。

4. 繁殖特征

有些沙生植物可以在春季或秋季的短暂降雨期间迅速生长发育,在1~2个月内完成生活史,这类植物叫短命植物。短命植物以种子或以鳞茎、块茎、根状茎等器官度过漫长的干旱季节,待来年雨季再形成新的植物体。

七、盐生植物

盐生植物包括生长在内陆和生长在海滨的两类(图 2-101)。

(1)旱生盐生植物:生长在内陆的盐生植物,常见盐角草(*Salicornia europaea*)、盐爪爪等;

(2)湿生盐生植物:生长在海滨的盐生植物,常见红树、碱蓬(*Suaeda glauca*)、大米草(*Spartina anglica*)等。

盐生植物结构特点:植物体干而硬,叶不发达,气孔下陷,表面具有厚的外壁,常具灰白色绒毛,叶肉细胞间隙强烈缩小,栅栏组织发达。有一些盐生植物的枝叶具有肉质性,叶肉中有特殊的贮水细胞。

碱蓬

盐角草

图 2-101　盐生植物

第三章
植物的繁殖器官

植物的繁殖器官包括花、果实和种子。其中花是被子植物繁衍后代的器官,包括花萼、花冠和产生生殖细胞的雄蕊与雌蕊等,花通过昆虫或风的作用传递花粉;果实是被子植物的雌蕊经过传粉受精发育而成的器官,通常包括果皮和种子两部分,有传播与繁殖的作用。种子是裸子植物和被子植物特有的繁殖体,它由胚珠经过传粉受精形成。种子一般由种皮、胚和胚乳三部分组成。

第一节 花

一、花的组成和基本结构

花是不分枝的变态的短枝,是种子植物兼行无性生殖和有性生殖的结构,可产生大、小孢子和雌雄配子,两性配子受精后,花发育为果实和种子。花出现的时间比营养器官晚,受环境的影响较小,因而花的各部分形态相对稳定,是植物分类的主要依据。

被子植物的花由花柄、花托、花萼、花冠、雌蕊群、雄蕊群组成(图3-1)。

图 3-1　花的组成示意

（一）花柄

花柄又称花梗，是每一朵花着生的小枝。花柄是茎和花相连的通道，具有安排花的空间，有利于开花、传粉以及果实、种子的散布等功能。花柄的长短因植物种类而异（图 3-2）。

垂丝海棠　　　　　　　　　　　贴梗海棠

图 3-2　花柄的形态

花柄的结构与茎相似，最外面为表皮，表皮内是基本组织，基本组织中分布着维管束。双子叶植物花柄的维管束多为无限外韧型，成环状排列，少数双子叶植物的花柄也能进行有限的次生生长；单子叶植物多为有限外韧型，分散排列。一般花柄的髓部较茎的发达。

（二）花托

花托是花柄顶端的膨大部分，是花萼、花冠、雌蕊和雄蕊等着生的部分。花托由表皮、基本组织和维管束三部分组成。表皮细胞多为一层，排列紧密，基本组织多为薄壁组织,具有较多的散生的油细胞,维管束排列同花柄相同。

花托的形状随植物种类而异,通常按形状分为以下类型:

(1) 花托突出呈圆柱状,如玉兰;

(2) 花托突出呈覆碗状,如草莓;

(3) 花托凹陷呈碗状,很多蔷薇科植物的花托中央部分向下凹陷并与花被、花丝的下部愈合形成盘状、杯状或壶状的结构,称为萼筒,如珍珠梅(*Sorbaria sorbifolia*)、桃、蔷薇(*Rosa* spp.)等;

(4) 花托膨大呈倒圆锥形,如莲;

(5) 花托延伸成为雌蕊柄,如花生;

(6) 花托延伸成为雌雄蕊柄,西番莲(*Passiflora coerulea*)、苹婆属(*Sterculia*)等植物的花托,在花冠以内的部分延伸成柄,称为雌雄蕊柄或两蕊柄(图3-3右图);

(7) 花托延伸成为花冠柄,也有花托在花萼以内的部分伸长成花冠柄,如剪秋罗(*Lychnis fulgens*)等石竹科(Caryophyllaceae)植物(图3-3左图)。

图 3-3 花冠柄和雌雄蕊柄

(三) 花萼

花的最外一轮叶状结构称为花萼。花萼由若干萼片组成,萼片的结构与叶片类似,由上下表皮、叶肉组织和维管束三部分组成。表皮主要由排列紧密的表皮细胞组成,具有表皮毛和气孔器的分化;叶肉组织一般为绿色,其内部充满了含叶绿体的薄壁细胞，但很少有栅栏组织与海绵组织的分化；维管束的结构同叶脉结构类似，但分支相对较少。萼片一般成轮状排列，但有些原始科植物的花萼，如毛茛科（Ranunculaceae）为螺旋排列。花萼多为绿色，少数植物如乌头（*Aconitum carmichaelii*）、白头翁（*Pulsatilla chinensis*）的花萼特化成大而有鲜艳颜色的瓣状萼（类似花瓣）。开花后萼片通常脱落，少数植物的萼片一直到果实成熟依然存在。

花萼在幼蕾期有保护花的其他部分的作用，有些花萼有保护幼果的作用，有些花萼有吸引昆虫的作用，有些花萼有协助果实传播的作用，如蒲公英的萼片退化变为冠毛（图3-4）。

图 3-4　蒲公英的花萼

花萼有多种形态，因植物种类而异，是植物分类上的重要指标。花萼通常根据萼片的大小、萼片间是否分离以及萼片的脱落进行分类。

（1）花萼根据萼片是否分离分为离生萼和合生萼两类（图3-5）

① 离生萼：萼片互相分离的花萼，如白菜（*Brassica pekinensis*）花、梅花（*Armeniaca mume*）；

② 合生萼：萼片互相愈合的花萼，合萼下端称萼筒，上端分离部分称萼裂片，如地黄、丁香的花。

（2）花萼根据萼片的大小分为整齐萼和不整齐萼两类

① 整齐萼：萼片大小相同；

② 不整齐萼：萼片大小不同。

（3）花萼根据萼片是否脱落分为散萼、落萼和宿存萼三类

① 散萼：花开时萼片已脱落，如罂粟；

② 落萼：萼片与花瓣同时脱落，如油菜（*Brassica rapa*）、桃；

③ 宿存萼：萼片在果实成熟时仍存在，如茄、石榴、番茄、辣椒（*Capsicum annuum*）。

梅花（离生萼）　　　　　　　　　地黄（合生萼）

图 3-5　离生萼与合生萼

（四）花冠

花冠由若干花瓣组成，位于花萼的上方或内方，排列成一轮或多轮。花瓣的结构也与叶片类似，由上下表皮、叶肉组织和维管束三部分组成。表皮主要由排列紧密的表皮细胞组成，具有表皮毛和气孔器的分化；叶肉组织由于含花青素或有色体而具有各种颜色，也没有栅栏组织和海绵组织的分化。维管束的结构同叶脉结构类似，但分支相对较少。花冠的主要作用是吸引昆虫、保护雌、雄蕊。通常将花萼和花冠合称为花被。

1. 花冠分类

花瓣的形态、排列与联合情况的不同常使花冠形成多种特定的形状，成为某些分类群的明显特征，在分类上具有鉴别意义。

（1）花冠根据各组成花瓣是否分离分为离瓣花冠与合瓣花冠两类

① 离瓣花冠：花冠各组成花瓣彼此分离，多数植物的花冠属于此类，如玉兰、桃、百合等；

② 合瓣花冠：花冠各组成花瓣全部或部分合生，如牵牛、南瓜等。

（2）花冠根据花瓣排列方式可分为镊合状、旋转状和覆瓦状等类型（图 3-6）

① 镊合状:花瓣各自的边缘彼此接触,但不彼此覆盖,如茄、番茄等的花;

② 旋转状:花瓣的一边覆盖相邻花瓣的边缘,而另一边又被另一花瓣的一边所覆盖,如棉、牵牛的花;

③ 覆瓦状:花瓣中有一片或两片完全在外,另一片完全在内,如油菜、桃的花。在覆瓦状排列的花被中,如有两片完全在外面,两片完全在里面,称为重覆瓦状。

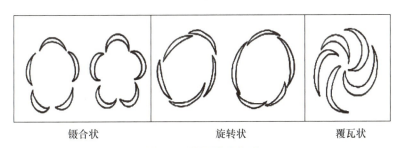

图 3-6　花瓣排列方式

2. 花冠形状

不同类群植物花冠的花瓣形状、大小及联合程度往往不同,且具有稳定性,花冠形状是植物分类的重要依据。常见花冠形状包括高脚杯状、轮状、漏斗状、钟状、坛状、唇状、蝶状、筒状、舌状等类型(图 3-7)。

(1) 高脚杯状花冠:花冠下部合生成狭长的圆筒状,上部忽然成水平扩大如碟状。常见于报春花科(Primulaceae)、木犀科(Oleaceae)植物,如报春花(*Primula malacoides*)、迎春花(*Jasminum nudiflorum*)等。

(2) 轮状花冠:花冠筒较短,裂片由基部向四周扩展,如茄、常春藤(*Hedera nepalensis*)等。

(3) 漏斗状花冠:花瓣连合成漏斗状,如牵牛、番薯等。

(4) 钟状花冠:花冠较短且广阔,成一钟状,如南瓜、桔梗(*Platycodon grandiflorus*)等。

(5) 坛状花冠:花冠筒膨大呈卵形或球形,形如罐状,中空,口部缢缩似一短颈,如石楠属(*Photinia*)植物。

(6) 唇状花冠:花瓣愈合成上下两裂片,状似两唇,如芝麻(*Sesamum indicum*)、薄荷(*Mentha haplocalyx*)等。

(7) 蝶状花冠:花瓣 5 片离生,花型似蝴蝶,最外面的一片最大,称旗瓣;两侧的两瓣称翼瓣;最里面的两瓣,顶部稍连合或不连合,称龙骨瓣,如豆科植物大豆、花生、蚕豆等。

(8) 舌状花冠:花冠筒较短,花冠裂片向一侧延伸成舌状,如向日葵花序周围的边花。

（9）十字状花冠：由4片分离的花瓣排列成"十"字形，为十字花科（Brassicaceae）的特征之一，如油菜、萝卜等。

（10）筒状花冠：花冠大部分呈管状或圆筒状，花冠裂片向上伸展，如向日葵花序中部的两性花。

图3-7 花冠形状

（五）雄蕊群

雄蕊群是一朵花中雄蕊的总称，每一雄蕊由花药和花丝两部分组成（图3-8）。

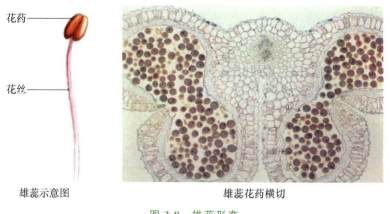

图3-8 雄蕊形态

花丝：细长呈柄状，由外向内依次包括表皮、薄壁细胞、维管束，其维管束多为外韧维管束。花丝具有支持花药的作用,一般一朵花中各雄蕊的花丝是等长的。

花药:是花丝顶端的囊状体,是雄蕊的主要部分,由 4 个或 2 个花粉囊组成,分为两半,中间以药隔相连。花粉囊内可形成花粉,花粉成熟后从花粉囊中散出,此时的花粉包括营养细胞和生殖细胞,后者将来分裂形成两个精细胞。

1. 雄蕊形态

(1) 离生雄蕊

一朵花中有多个雄蕊且雄蕊彼此分离,常见类型包括无限雄蕊、二强雄蕊、四强雄蕊等(图 3-9)。

① 无限雄蕊:花器中雄蕊数量多而数目不定,如蔷薇科(Rosaceae)植物;

② 二强雄蕊:花器中雄蕊四枚,两枚花丝明显较长,两枚明显较短,如唇形科植物;

③ 四强雄蕊:花器中雄蕊六枚,四枚花丝明显较长,两枚明显较短,为十字花科植物的特征。

图 3-9 离生雄蕊(引自傅承新)

(2) 合生雄蕊

一朵花中有多个雄蕊,雄蕊与雄蕊之间部分或整体地愈合或黏合在一起,常见类型包括单体雄蕊、二体雄蕊、多体雄蕊、聚药雄蕊等(图 3-10)。

① 单体雄蕊:一朵花中全部雄蕊的花丝合生成一束管状物,各花药分离,如棉、锦葵(*Malva sinensis*)的雄蕊;

② 二体雄蕊:一朵花中雄蕊的花丝合生成两束管状物,分别由一枚及九枚花丝愈合而成,如蚕豆、豌豆的雄蕊;

③ 多体雄蕊:一朵花中全部雄蕊的花丝合生成三束以上,如金丝桃的雄蕊;

④ 聚药雄蕊:一朵花中的雄蕊花药合生而花丝分离,如向日葵、南瓜的雄蕊。

| 聚药雄蕊 | 多体雄蕊 | 二体雄蕊 | 单体雄蕊 |

图 3-10　合生雄蕊(引自傅承新)

2. 花药着生位置

花药在花丝上的着生位置各有不同,常见类型有底着药、背着药、全着药、丁字药、个字药、广歧药等(图 3-11)。

① 底着药:仅花药底部和花丝连接,大多数被子植物的雄蕊属于此类;

② 背着药:花丝连接于花药的背部下方,如桃的雄蕊;

③ 全着药:花药背部全部贴着在花丝上,如玉兰的雄蕊;

④ 丁字药:花丝连接于花药的背部中央,花药只与花丝的连接点相接,如小麦、百合的雄蕊;

⑤ 个字药:花药分成两半,基部向下张开,顶部与花丝连接,呈"个"字状,如水蓑衣(*Hygrophila salicifolia*)的雄蕊;

⑥ 广歧药:花药的两个半药完全分离,几乎成一直线着生在花丝顶部,如毛地黄(*Digitalis purpurea*)的雄蕊。

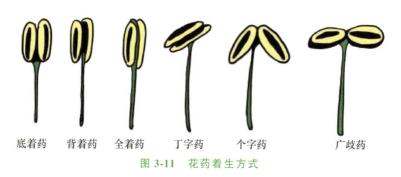

| 底着药　背着药　全着药　丁字药　个字药　　广歧药 |

图 3-11　花药着生方式

3. 花药开裂方式

当花发育成熟时,花药壁开裂,将花粉粒释放出去。花药的开裂方向通常有两种:花药向着雌蕊的一面开裂,称为内向药;花药向着花冠的一面开裂,称为外向药(图 3-12)。

花药的开裂方式有纵裂、横裂、孔裂、瓣裂等类型(图 3-13)。

① 纵裂:花药沿药室纵轴方向开裂,大多数被子植物属于此类;

② 横裂:花药沿药室横轴方向开裂,如木槿(*Hibiscus syriacus*)、蜀葵(*Althaea rosea*)等;

③ 孔裂:花药每室顶端开裂一小孔以释放花粉,如茄、杜鹃花等;

④ 瓣裂:花药每室裂开一小部分似瓣状以释放花粉,如香樟、小檗等。

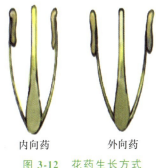

内向药　　外向药

图 3-12　花药生长方式

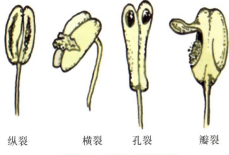

纵裂　　横裂　　孔裂　　瓣裂

图 3-13　花药开裂方式

(六) 雌蕊群

雌蕊群是一朵花中雌蕊的总称,位于雄蕊的内侧,花的中央部分。多数植物的花,只有一枚雌蕊。雌蕊常分化出柱头、花柱和子房三部分(图3-14)。

① 柱头:是雌蕊的最上面部分,通常膨大成球状、圆盘状或分枝羽状,常具乳头状突起或短毛。根据是否分泌物质可以分为干柱头和湿柱头两类。柱头的主要作用是接受花粉;

② 花柱:是柱头和子房之间的部分,是花粉管进入子房的通道。当花粉管沿着花柱生长并伸向子房时,花柱能为其提供营养和某些趋化物质。一般分为两类:实心花柱和具沟花柱;

③ 子房:雌蕊基部膨大的部分称为子房。子房有一至多室,每室含一至多个胚珠。子房由子房壁、子房室和室隔组成。

授粉后,柱头和花柱通常枯萎脱落,而子房发育成果实。其中,子房壁发育为果皮,胚珠发育为种子。

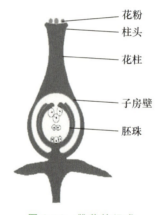

图3-14 雌蕊的组成

1. 雌蕊形态

雌蕊由一至数个变态的叶卷合而成,这种变态叶即为心皮。

心皮是适应生殖的变态叶,是构成雌蕊的基本单位。每个心皮通常含有三条维管束,其中相当于叶片中脉的维管束称为背束,两侧的维管束称为腹束。心皮在形成雌蕊时,常向内卷合,使腹束面闭合起来,心皮边缘连合处称为腹缝线;而背束称为背缝线(图3-15)。

图 3-15　心皮结构示意(仿傅承新,改绘)

雌蕊根据其包含心皮的数目和各心皮彼此结合情况可以分为以下几类:

(1) 单雌蕊:一朵花中的雌蕊仅由一个心皮构成,包括单心皮雌蕊和离生心皮雌蕊两类。

① 单心皮雌蕊:一朵花中仅具一枚单雌蕊,则称为单生单雌蕊,常见于豆科、蔷薇科的李亚科等,如豌豆、山桃等;

② 离生心皮雌蕊:一朵花中有若干彼此分离的单雌蕊,如草莓、玉兰等(图 3-16)。

图 3-16　草莓的离生心皮雌蕊
A. 花瓣;B. 花萼;C. 雌蕊;D. 雄蕊;E. 花托;F. 花柄

(2) 复雌蕊:一朵花中的雌蕊由两个以上的心皮联合构成,又称为合生心皮雌蕊。

不同植物的合生心皮雌蕊的各部分结合情况不一样:有些植物的子房、花柱和柱头全部结合,如油菜、柑橘、西红柿等;有些植物的子房和花柱结合而柱头分离,如棉花、向日葵等;有些植物仅子房结合而花柱和柱头分离,如蓖麻、梨、石竹等。

2. 子房形态

由一个心皮形成的子房称为单子房,只有一室。由多个心皮组成的子房称为复子房,可以分为单室和复室两类。① 单室复子房:心皮彼此以边缘相连,全部心皮都形成子房壁。子房虽然由多个心皮组成,但仍为一室。② 多室复子房:各心皮向内弯入,在子房的中心彼此相互结合,心皮的一部分形成子房壁,一部分形成子房内的隔膜,将子房隔为数室。

子房根据与花托、花被的位置关系,可以分为上位子房、半上位子房、下位子房(图 3-17)。

(1) 上位子房:子房仅以底部与花托相联合,花的其他部分不与子房贴生。分为两种类型:

① 上位子房(下位花):子房着生在凸起或平坦的花托上,花萼、花冠和雌雄蕊着生的位置低于子房,如油菜、柳叶绣线菊(*Spiraea salicifolia*)的花。

② 上位子房(周位花):花托呈杯状,子房仅以底部着生在杯状花托凹陷的中部,花萼、花冠和雄蕊着生在杯状花托的边沿或着生在下部花管的边沿,因而位于子房的周围,如蔷薇、桃的花。

(2) 下位子房:整个子房着生在凹陷的花托或花管中,并且与之贴生,花的位置在子房上面,如梨的花。

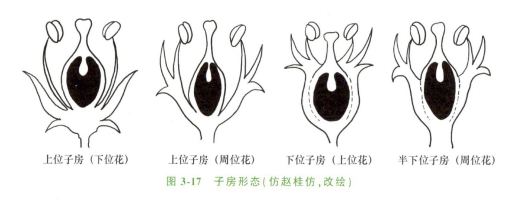

图 3-17 子房形态(仿赵桂仿,改绘)

(3) 半下位子房:子房有一半左右与杯状花托或花管贴生,花位于子房的周围,如马齿苋、甜菜的花。

3. 胚珠形态

胚珠由珠柄、珠被、珠孔和珠心所组成,受精后发育成种子。胚珠通常着生在心皮腹缝线上,维管束由此分支进入胚珠中,构成胚珠中的维管系统,供应胚珠需要的营养物质。

珠被是珠心外围的一到两层细胞,如果是两层珠被,则可分为内珠被和外珠被;珠心位于珠被内,由薄壁细胞组成,其中产生大孢子,大孢子可以进一步发育成胚囊。

珠心的基部和珠被组织愈合在一起的部位称为合点。珠被在珠心顶端的小孔称为珠孔,是受精时花粉管到达珠心的通道。

胚珠根据珠柄、珠孔与合点三者排列位置的变化分为直生胚珠、倒生胚珠、横生胚珠和弯生胚珠等几种常见类型(图 3-18)。

(1) 直生胚珠:胚珠生长时各方向的生长速度较为接近,珠孔、合点和珠柄在一条直线上,珠孔在珠柄相对的一端,如荞麦、胡桃的胚珠。

(2) 倒生胚珠:胚珠一侧生长快,相对的一侧生长慢,胚珠向生长慢的一侧弯曲,倒转180°,珠孔靠近珠柄基部,而合点在珠柄相对的一端,合点、珠心和珠孔的连线几乎与珠柄平行。倒生胚珠的珠心并不弯曲,靠近珠柄的外珠被常与珠柄贴生,形成一条珠脊,向外隆起。多数被子植物的胚珠属于此类,如棉花、百合、小麦等。

(3) 横生胚珠:胚珠的一侧生长较快,胚珠在珠柄上扭转90°,合点、珠心和珠孔的连线与珠柄几乎成直角,如锦葵、毛茛(*Ranunculus japonicus*)等的胚珠。

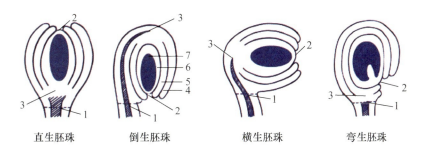

图 3-18 胚珠的类型

1. 珠柄;2. 珠孔;3. 合点;4. 外珠被;5. 内珠被;6. 珠心;7. 胚囊

（4）弯生胚珠：胚珠的下半段生长均匀，而上半段向一侧弯曲。弯生胚珠的胚囊也有一定的弯曲，合点在珠柄的延长线上，珠孔与珠柄有一定的距离，如油菜、蚕豆的胚珠。

4. 胎座形态

子房内胚珠着生的位置称为胎座，胚珠通过珠柄着生在胎座上。胎座按心皮数目和心皮连接方式通常可分为边缘胎座、侧膜胎座、中轴胎座、特立中央胎座、顶生胎座、基生胎座等类型（图 3-19）。

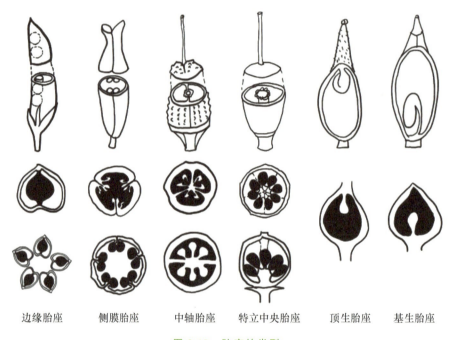

边缘胎座　　侧膜胎座　　中轴胎座　　特立中央胎座　　顶生胎座　　基生胎座

图 3-19　胎座的类型

（1）边缘胎座：雌蕊由单心皮构成，子房一室，胚珠着生在腹缝线上，如大豆的胎座。边缘胎座是由单心皮的边缘愈合形成的。

（2）中轴胎座：雌蕊由多心皮构成，各心皮合生且向内弯曲形成隔膜及中轴，子房多室，子房室数与心皮相同，胚珠着生于中轴上，如百合、柑橘、苹果的胎座。中轴胎座的形成可能源于多个边缘愈合的心皮在靠近中央的位置彼此联合。

（3）侧膜胎座：雌蕊由多心皮构成，各心皮以边缘相连，子房一室，胚珠着生子房侧壁上即心皮愈合处,如罂粟的胎座。侧膜胎座的形成可能源于多个张开心皮的边缘彼此联合。

(4)特立中央胎座:雌蕊由多心皮构成,子房一室,单室复子房,由心皮基部向子房室伸出一轴柱,但不到达子房的顶部,胚珠着生于轴柱周围,如石竹的胎座。特立中央胎座是具中轴胎座的子房室间隔膜消失演化形成的。

(5)基生胎座:雌蕊由单心皮或多心皮构成,子房一室,胚珠着生在子房的底部,也称基底胎座,如向日葵的胎座。

(6)顶生胎座:雌蕊由单心皮或多心皮构成,子房一室,胚珠着生于子房的顶端,也称悬垂胎座,如桑、胡萝卜的胎座。

基生胎座和顶生胎座可能源于特立中央胎座的大部分消失,也可能源于侧膜胎座的大部分简化。

5. 胚囊的形态结构

成熟胚囊由珠孔端的 1 个卵细胞和 2 个助细胞,合点端的 3 个反足细胞以及中央的 2 个极核组成的中央细胞构成(图 3-20)。

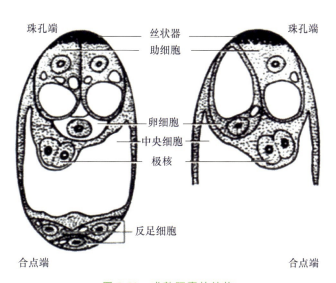

图 3-20 成熟胚囊的结构

（1）卵细胞

成熟的卵细胞近乎梨形,在珠孔端与两个助细胞呈三角形排列。大多数被子植物的卵细胞具有明显的极性,即细胞核和细胞质在偏合点端,而珠孔端有一个大液泡。细胞质主要分布在合点端核的周围。卵细胞仅在珠孔端的区域具有细胞壁,近合点端区域缺少细胞壁。

（2）助细胞

助细胞位于珠孔端,体积比卵细胞稍小。助细胞的极性与卵细胞相反,即合点端常有一个大液泡,细胞质与细胞核在偏向珠孔端。助细胞含有丰富的细胞器,是代谢高度活跃的细胞。大多数植物助细胞仅在珠孔端有壁的存在,在合点端与卵细胞和中央细胞之间只以质膜相隔,没有细胞壁。

助细胞在珠孔端细胞壁上有丝状器的结构,是由细胞壁增厚并向细胞腔内形成大量的突起构成的,其形状因植物种类不同而异。有些学者认为助细胞与花粉管的定向生长有关。

（3）中央细胞

中央细胞是一个高度液泡化的细胞,中央细胞的核称为极核。在成熟胚囊中,两个极核相互靠近或融合为一个双倍体的核称为次生核。中央细胞也表现出一定的极性,合点端有一个大液泡,细胞质主要集中在极核或次生核周围。

在成熟的胚囊中,中央细胞壁薄厚不均,在卵器的合点端,中央细胞没有细胞壁,只有质膜。在胚囊四周,中央细胞与珠心细胞相接处具有由最初胚囊细胞保留下来的细胞壁。

中央细胞通过胞间连丝与卵器和反足细胞联系,而与珠心细胞间并不存在这种联系,但是中央细胞的侧面有由细胞壁向内形成的大量的指状内突,在珠孔端极为发达。中央细胞是胚囊内贮存营养物质的主要场所,细胞内含有大量淀粉粒或脂滴。

（4）反足细胞

反足细胞位于胚囊的合点端,虽与受精作用没有直接关系,但含有丰富的细胞器,是代谢活跃的细胞。反足细胞的形状及数目变化很大。

在玉米等植物的反足细胞中,与珠心细胞相邻的细胞壁上存在发达的壁内突,反映了反足细胞具传递细胞的特征。

（七）花的附属器官

植物的花除了花柄、花托、花萼、花冠和雌雄蕊群等基本结构外,在长期适应环境的过程中,往往形成一些特殊形态的结构,常见的有副花萼、副花冠、距等(图3-21)。

（1）副花萼:有些植物的花在花萼外,还有一轮绿色的瓣片,如委陵菜(*Potentilla chinensis*)、草莓、棉花等。

（2）副花冠:位于花冠与花蕊间的衍生构造,常色彩艳丽,如水仙。

（3）距:花萼或花瓣凸出延伸的盲管状物,其内常储蜜汁,如翠雀(*Delphinium grandiflorum*)、耧斗菜(*Aquilegia viridiflora*)。

有些植物在花或花序的下面也有一些附属器官,比如苞片、总苞、佛焰苞等。

（1）苞片:花基部着生较小型的叶或叶状体,如白苞筋骨草(*Ajuga lupulina*)等。

（2）总苞:整个花序外侧包覆的叶状构造,如椴树。

（3）佛焰苞:肉穗花序外侧的大型总苞片,如天南星科植物。

副花冠

距

佛焰苞

图 3-21 花的附属器官

二、花的类型

花的类型主要从对称性、构造、性别、花被组成、联合情况、传粉途径等6个方面进行区分和描述。

（一）花的对称性

（1）辐射对称：通过花的中心，有 2 个以上对称面，又称整齐花，如棉、桃、茄等的花。

（2）两侧对称：通过花的中心，只有 1 个对称面，又称不整齐花，如蚕豆、三色堇（*Viola tricolor*）、水稻等的花。

（3）不对称花：通过花的中心，不能作出对称面的花，如美人蕉（*Canna indica*）的花（图 3-22）。

辐射对称

左右对称（两侧对称）

不对称

图 3-22　花的对称性

（二）花的构造

（1）完全花：在一朵花中花萼、花冠、雄蕊、雌蕊 4 个部分俱全，如白菜花、桃花。

（2）不完全花：在一朵花中缺少花萼、花冠、雄蕊、雌蕊中的一个。如南瓜花、黄瓜花缺雄蕊或雌蕊；桑树花、板栗树（*Castanea mollissima*）花缺花瓣、雄蕊或雌蕊；杨树花、柳树花缺萼片、花瓣、雄蕊或雌蕊。

（三）花的性别

（1）单性花：一朵花中只有雄蕊或雌蕊有孕性。花中只有雄蕊的称为雄花；只有雌蕊的称为雌花。雌花、雄花生长在同株植物称为雌雄同株；雌花、雄花生长在不同植株称为雌雄异株。

（2）两性花：一朵花中同时具有雌蕊和雄蕊，且两者都有孕性，如桃、小麦的花。

(3) 中性花：一朵花中雌蕊和雄蕊完全退化消失，或发育不完全，不能结出种子，也称为无性花或不孕花，如绣球（*Hydrangea macrophylla*）的花。

(4) 杂性花：同一植株上共存单性花与两性花，如文冠果（*Xanthoceras sorbifolium*）、槭树（*Acer* spp.）等。

（四）花的花被组成

(1) 无被花：缺乏花被的花，如杜仲（*Eucommia ulmoides*）、胡椒（*Piper nigrum*）、杨、柳等。

(2) 单被花：花被仅有一轮萼片而无花瓣，或花萼与花冠不分化的花，如玉兰、白头翁。

(3) 双被花：花被具有萼片和花瓣两轮，如党参（*Codonopsis pilosula*）。

（五）花的联合状况

(1) 离瓣花：每一片花瓣各自分离，着生在花托上，如百合（图 3-23 右图）。

(2) 合瓣花：所有的花瓣合生为一花筒，着生在花托上，无法明显地区分各片花瓣，如牵牛。

(3) 贴生花：花萼、花冠和雄蕊基部贴生，如桃、番茄。

合瓣花

离瓣花

图 3-23　离瓣花与合瓣花

（六）传粉途径

(1) 风媒花：借风力传播花粉的花，如小麦、杨树的花。

(2) 虫媒花：借昆虫传播花粉的花，如桃花、油菜花。

(3) 鸟媒花：借助鸟传播花粉的花，如油茶（*Camellia oleifera*）的花。

(4) 水媒花：借助水流传播花粉的花，如金鱼藻的花。

三、花各部分结构的演化

尽管被子植物的花均有相似的基本结构,但不同植物的花在形态、数目、联合与排列方式上表现出丰富的多样性。而这种多样性是伴随着被子植物漫长的演化历程逐渐形成的。根据花各部分的变化,可以整体判断植物的演化情况。

(一) 数目的变化

花各部分数目的演化趋势是从多而无定数演化至少而有定数。较原始的被子植物,如玉兰、毛茛等,花各部分数目是多而不定的;较演化的植物,花各部分的数目经常为少而有定数,有时花的一些结构会部分或整轮退化或消失,从而使花缺少萼片、花瓣、雄蕊、雌蕊或形成这些缺失的多种组合。

通常将花各部分的固定数目称为花基数。单子叶植物的花基数多为3或3的倍数;双子叶植物的花基数多为4、5或其倍数。大多数植物萼片的数量等于花基数,花瓣的数量等于花基数或为其倍数,雄蕊的数目常是花基数的2倍,雌蕊心皮的数目等于花基数。

(二) 排列方式

花各部分的排列方式以螺旋状排列为原始,轮状排列为演化。如原始被子植物毛茛和玉兰的花,其雄蕊和雌蕊均螺旋状排列在柱状花托上;而大多数被子植物的花,其各组成部分都是轮状排列在花托上。

(三) 联合

花的各部分有由分离到联合演化的趋势。离生是原始的,联合是演化的,如玉兰、毛茛的花中,花被、雄蕊和雌蕊都是离生的。

(四) 对称

辐射对称的花是原始的,两侧对称和不对称的花是演化的。

(五) 花托

原始类群的花托多为凸起甚至伸长成柱状,从而使各花部相对远离;在演化过程中许多花的花托缩短,逐渐变为圆顶形或平顶形,从而使花的各部彼此靠近。花托的进一步演化趋势是趋向于向下凹陷。

（六）子房

上位子房的花是原始的,子房的位置由上位子房向半下位子房和下位子房演化,进一步加强了对子房的保护。

花各部分的演化是多方面的。在一种植物中,花的演化并不是同步的,如苹果花的花萼和花冠离生、雄蕊多数是原始的表现,而子房下位又是进化的特征。

四、花程式和花图式

花的构造可用花程式和花图式来表示。

（一）花程式

花程式是用符号及数字列成公式,表示花的性别、对称性、各部分排列、组成、位置及彼此关系。

通常用 P 表示花被、K 表示萼片、C 表示花冠、A 表示雄蕊群、G 表示雌蕊群。

花的各部分,每一轮用数字表示它们的数目。∞ 表示数目多且无定数,0 表示该部分退化或缺少,用( )表示联合,如果某一部分不止一轮,用"＋"表示,用"－"表示子房的位置。

在花程式中,＊表示整齐花(辐射对称花),↑表示不整齐花(两侧对称花),♂表示雄花,用♀表示雌花,用☿表示两性花(表 3-1)。

表 3-1　花程式的字母、数字及符号表示法

符号	意义	符号	意义	符号	意义	符号	意义
☿	两性花	P	花被	G̲	子房上位	＋	某部不止一轮
♂	雄花	K	花萼	G̅	子房下位	∞	多而无定数
♀	雌花	C	花冠	G̳	子房半下位	－	数字变化范围
＊	整齐花	A	雄蕊群	( )	联合	,	或
↑	不整齐花	⌒	上部联合	⌣	基部联合	G$_{(5:5:2)}$	G 后面第一个数字表示心皮总数,第二个数字表示子房室数,第三个数字表示每室胚珠数

花程式示例：

（1）百合：$* P_{3+3}, A_{3+3}, \underline{G}_{(3:3:\infty)}$

表示百合花为整齐花，花被两轮，每轮3片；雄蕊两轮，每轮3个；雌蕊3心皮，3室，每室多胚珠，子房上位。

（2）桃：$* K_5, C_5, A_\infty, \underline{G}_{1:1:1}$

表示桃花为整齐花，萼片5枚离生，花瓣5枚离生，雄蕊多数，雌蕊1心皮，1室，每室1胚珠，子房上位。

（3）豌豆：$\uparrow K_{(5)}, C_5, A_{(9)+1}, \underline{G}_{1:1:\infty}$

表示豌豆花为不整齐花，萼片5枚联合，花瓣5枚离生，雄蕊10枚，9枚联合，1枚分离，雌蕊1心皮，1室，每室多胚珠，子房上位。

（4）柳：$♂ K_0, C_0, A_2; ♀ K_0, C_0, \underline{G}_{(2:1:\infty)}$

表示柳的雌花和雄花均缺少花被，雄花具2枚雄蕊，雌花2心皮，1室，每室多胚珠，子房上位。

（二）花图式

花图式是用图解表示一朵花各部分的横切面，以简图说明花的结构和组合。

花轴用○表示，画在图解的上方，以背面有突起的新月形空心弧线表示苞片，以背面有突起的带线条弧线表示萼片，以背面没有突起的实心弧线表示花瓣，雄蕊以花药横切面表示，雌蕊以子房横切面表示。

如果花萼、花瓣都是离生的，各弧线彼此分离；如为合生的，则以虚线连接各弧线。同时应特别注意花萼片、花瓣各轮的排列方式（如镊合状、覆瓦状、旋转状）以及它们之间的相互关系（如对生、互生）。如萼片、花瓣有距，则以弧线延长来表示（图3-24，图3-25）。

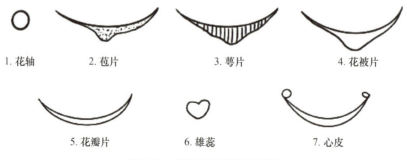

图3-24 花各部分的表征符号

图 3-25　百合的花图式

五、花序

单独着生在茎上的花称为单生花,如玉兰、芍药、莲、桃等。按照一定顺序着生在花枝上的许多花形成花序。花序通常分为两大类:无限花序、有限花序。

(一) 无限花序

在开花期,花序的主轴持续向上生长和伸展,并不断产生苞片,在其叶腋内形成花芽,开花顺序是花序基部的花最先开放,然后向顶依次开放,如果花序轴缩短,各花密集,则花从边缘向中心依次开放。

无限花序包括总状花序、伞形花序、伞房花序、穗状花序、葇荑花序、肉穗花序、头状花序、隐头花序、球穗花序、佛焰花序、复总状花序、复穗状花序、复伞形花序、复伞房花序等。

1. 总状花序

花序具一长的花轴,上面着生花柄长短大致相等的花,如荠菜(*Capsella bursa-pastoris*)、刺槐的花序(图 3-26)。

植物学

荠菜

刺槐

图 3-26 总状花序

2. 葇荑花序

花序具一较软花轴,整个花序常下垂,花轴上着生许多无柄的单性花,花常缺少花冠,开花后整个花序脱落,如毛白杨、胡桃的花序(图 3-27)。

胡桃

毛白杨

图 3-27 葇荑花序

3. 伞房花序

着生在花轴上的花,花柄长短不等,下部的花柄较长,上部的花柄较短,花大致排列在一个平面上,如梨、苹果的花序(图 3-28)。

图 3-28 伞房花序(梨)

4. 伞形花序

花轴较短,花自花轴顶端伸出,花柄长度相当,花常排列成一圆顶形或伞形,如葱、人参(*Panax ginseng*)的花序(图 3-29)。

人参　　　　　　　　葱　　　　　　　球兰(*Hoya carnosa*)

图 3-29　伞形花序

5. 头状花序

花序的花轴缩短,顶端膨大,上面密集排列许多无柄花,外形呈球形、半球形或扁平盘形。花序基部常有总苞,如蒲公英、菊(*Dendranthema morifolium*)的花序(图 3-30)。有的植物头状花序上有两种花:一种为舌状花,着生在花序的边缘,花冠大,下部联合成管状,上部呈舌状,有吸引昆虫的作用;另一种为管状花,着生于花序中央,花冠联合成管状,顶端裂成 5 瓣。

向日葵　　　　　　　蒲公英　　　　　　蓟(*Cirsium japonicum*)

图 3-30　头状花序

6. 隐头花序

花序的花轴顶端膨大,中央部分下陷呈囊状。花着生在囊状体的内壁上,雄花分布在内壁的上部,雌花分布在内壁的下部,花完全被包在内部,仅顶端有一孔与外界相通,为昆虫进入传粉的通道,如无花果(*Ficus carica*)、榕树的花序(图 3-31)。

图 3-31　无花果的隐头花序

7. 穗状花序

具有一直立花轴,上面着生无柄或花柄很短的两性花,如车前的花序(图 3-32)。

8. 肉穗花序

基本结构与穗状花序相似,但花序轴肉质肥厚,呈棒状。花轴周围着生无柄花,如玉米的雌花序(图 3-33)。

美人蕉

车前

图 3-32 穗状花序

图 3-33 肉穗花序(玉米)

9. 佛焰花序

与肉穗花序类似,但其外面包有一个大的苞片,如魔芋(*Amorphophallus titanum*)、红掌的花序(图 3-34)。

魔芋

红掌

图 3-34 佛焰花序

10. 球穗花序

为主轴短,侧轴亦短,且主轴顶端较肥大凸出,而略近于球形的花序,如悬铃木(*Platanus* spp.)的花序(图 3-35)。

图 3-35　球穗花序（悬铃木）

11. 复穗状花序

花序的每一分枝为一穗状花序，如小麦的花序（图 3-36）。

小麦　　　　　　　　　　水稻

图 3-36　复穗状花序

12. 复伞形花序

花轴的顶端丛生若干等长的分枝，每一分枝相当于一个伞形花序。复伞形花序基部常有总苞，如胡萝卜、芹菜的花序（图 3-37）。

图 3-37　复伞形花序　　　　　图 3-38　复伞房花序

13. 复伞房花序

花轴的顶端丛生若干花柄长短不等长的分枝,每一分枝相当于一个伞房花序,如绣线菊的花序(图 3-38)。

14. 复总状花序

也称为圆锥花序,花轴分枝一次,每一分枝是总状花序,整个外形呈圆锥状,如泡桐(*Paulownia* spp.)、丁香、国槐的花序(图 3-39)。

图 3-39　复总状花序

(二) 有限花序

花序最顶端的花先开放,以后下面的花陆续开放,在开花过程中花序轴不再伸长,有限花序包括单歧聚伞花序、二歧聚伞花序、多歧聚伞花序三种(图 3-40)。

1. 单歧聚伞花序

花轴顶端的顶芽发育成花后,其下面的侧芽发育成枝继续生长,然后侧枝的顶芽发育成花,再有侧芽生长,因而为一合轴分枝,如唐菖蒲的花序。

2. 二歧聚伞花序

花轴顶端的顶芽发育成花后,停止生长,在其下面同时生出两等长的侧枝,每个侧枝的顶端各发育出一花,然后又以同样的方式产生侧枝,如大叶黄杨(*Buxus megistophylla*)、王不留行(*Vaccaria segetalis*)的花序。

3. 多歧聚伞花序

花轴顶端的顶芽发育成一花后,发生几个侧枝,侧枝长度超过主轴,每个侧枝的顶端各发育出一花,然后又以同样的方式产生侧枝,如猫眼草(*Euphorbia esula*)的花序。

图 3-40 有限花序

此外,还有一种轮伞花序。聚伞花序生于对生叶的叶腋成轮状排列,如唇形科植物的花(图 3-41)。严格说来,轮伞花序不是一种独立的花序类型,而只是聚伞花序的一种特殊排列着生形式。

图 3-41　益母草的轮伞花序

第二节　果实和种子

果实是被子植物特有的器官,由子房或花的其他部分(如花托、萼片等)参与发育而形成的器官。果实一般包括果皮和种子两部分,其中,果皮又可分为外果皮、中果皮和内果皮。种子主要起传播与繁殖的作用。

一、果实的结构与类型

(一)根据果皮是否肉质化,可将果实分为干果和肉果两类

1. 干果

干果的果实成熟时,果皮呈干燥的状态,包括裂果和闭果两类。

(1)裂果

裂果是成熟后果皮裂开的果实,根据果实的组成以及裂开方式的不同,可分为蓇葖果、荚果、蒴果和角果。

① 蓇葖果：单心皮或离生心皮发育成的果实，成熟时沿一条缝线（腹缝线或背缝线）裂开，如芍药（*Paeonia lactiflora*）、八角茴香（*Illicium verum*）的果实（图 3-42）。

芍药　　　　　　　　　　　　　八角茴香

图 3-42　蓇葖果（左图：芍药；右图：八角茴香）

② 荚果：由一枚心皮发育成的果实，成熟时从两个缝线（腹缝线和背缝线）裂开，果皮裂成两片。豆科植物的果实属于荚果（图 3-43）。

豌豆　　　　　　　　　　　　　红豆

图 3-43　荚果

③ 蒴果：由两枚或两枚以上的心皮组成的果实，由合生雌蕊的子房发育而成，是裂果中最常见的一种。蒴果果实成熟时的开裂方式主要有以下几种：

❖ 纵裂：沿果实的长轴开裂，是最常见的一种（图 3-44）。其中沿背缝线开裂的称为背裂,如棉花、木槿的果实;沿腹缝线开裂的称为腹裂,如鸢尾、牵牛等的果实。

复羽叶栾树

棉花

图 3-44　蒴果的纵裂

❖ 盖裂:果实成熟后,沿果实的中部或中上部横裂,成盖状脱落,如大花马齿苋（*Portulaca grandiflora*）的果实(图 3-45)。

❖ 孔裂:果实成熟后,在每一心皮的顶部裂开一个小孔,种子由小孔中散出,如罂粟的果实(图 3-46)。

图 3-45　盖裂(大花马齿苋)

图 3-46　孔裂(罂粟)

④ 角果:由两心皮组成的雌蕊,子房一室,后来由心皮边缘合生处生出隔膜,将子房隔成两室,这一隔膜称为假隔膜。果实成熟后,果皮从两腹缝线裂开,成两片脱落,只留假隔膜,为十字花科特征(图 3-47)。可以分为长角果和短角果两类。

❖ 长角果:果实细长的角果,如白菜、油菜的果实。
❖ 短角果:果实呈圆形或三角形的角果,如荠菜的果实。

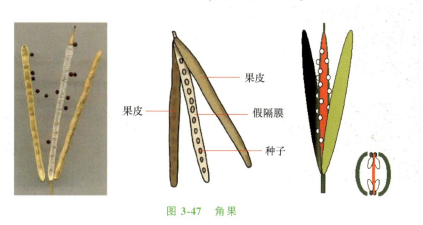

图 3-47　角果

（2）闭果

闭果是成熟后果皮不裂开的果实,包括瘦果、颖果、翅果、坚果、双悬果等类型。

① 瘦果:由 1~3 枚心皮组成,成熟时果皮与种皮分离,只含 1 枚种子,如向日葵、荞麦等的果实(图 3-48)。

向日葵　　　　　　　　　蒲公英

图 3-48　瘦果

② 颖果:由 1~3 枚心皮组成,成熟时果皮与种皮愈合,不易分离,只含 1 枚种子,如水稻、玉米、小麦的果实(图 3-49)。

③ 翅果:果皮坚硬,伸展成翅,成为具有翅的果实,如榆树、槭树、臭椿(*Ailanthus altissima*)的果实(图 3-50)。

④ 坚果:由 2~3 枚心皮组成,果皮坚硬,常木质化,内含 1 枚种子,如蒙古栎(*Quercus mongolica*)、板栗的果实(图 3-51)。板栗外面褐色坚硬的皮是它的果皮,包在外面带刺的壳不是果皮,而是由花序的总苞发育成的。

⑤ 双悬果:由两枚心皮的子房发育成的果实。果实成熟后心皮分离成 2 个分果,悬在中央果柄上端,每个分果内各含 1 粒种子,种子仍包含在心皮中,果皮干燥不开裂,是伞形科植物的特征,如胡萝卜、茴香等的果实(图 3-52)。

图 3-49　玉米的颖果

图 3-50　榆树的翅果

板栗

蒙古栎

核桃

图 3-51　坚果

图 3-52　白芷（*Angelica dahurica*）的双悬果

2. 肉果

果皮肉质而多汁，成熟时不开裂。肉果的常见类型包括浆果、梨果与核果等。

（1）浆果

果皮除外面几层细胞外，其余部分都肉质化并充满汁液，内含一至多粒种子，如葡萄、茄、番茄、柿等（图 3-53）。在番茄的浆果发育过程中，子房壁进行细胞分裂和体积增大。形成果皮的同时，胎座细胞也活跃地增殖和体积增大，形成充满子房室的肉质组织，番茄的食用部位由子房壁和胎座发育而成。

浆果有一些特殊类型，常见有瓠果和柑果。

图 3-53　浆果

① 瓠果：由子房（单室复子房，侧膜胎座）和花托一起发育形成的，肉质的部分包括果皮和胎座，如瓜类的果实（图 3-54）。果实的肉质部分是子房和花托共同发育而成的，所以属于假果。其中，黄瓜、冬瓜（*Benincasa hispida*）、南瓜的可食部分主要

是果皮,西瓜则是胎座。

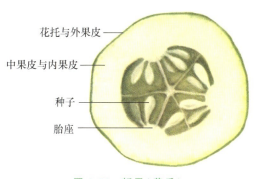

图 3-54　瓠果(黄瓜)

图 3-55　柑果(橘)

② 柑果:由多心皮合生具中轴胎座的上位子房发育而成。外果皮革质,包括表皮层和其下的薄壁组织,在薄壁组织中有含挥发油的油囊和含结晶的细胞;中果皮比较疏松,由细胞间隙大的薄壁细胞组成,有维管束分布其间,干燥果皮内的"橘络"就是这些维管束;内果皮薄膜状,包含内表皮和几层紧密的薄壁细胞,内果皮分隔成若干室,室内产生多汁的长形丝状细胞,实际上是内果皮衍生的多细胞的毛,如柑橘类的果实(图 3-55)。

(2) 核果

果皮明显地分为三层,外果皮薄,由表皮及表皮下的几层厚角细胞组成,有大量的表皮毛;中果皮较厚,肉质,由薄壁细胞组成;内果皮由多层石细胞组成,坚硬,包在种子的外面,如桃、梅、李(*Prunus salicina*)、杏(*Armeniaca vulgaris*)、樱桃(*Cerasus pseudocerasus*)等的果实(图 3-56)。

图 3-56　桃的核果

（3）梨果

果实由子房和花托愈合在一起发育而成，食用部分是花托发育成的，中部是由子房发育来的，外果皮与花托和中果皮之间没有明显的界线，内果皮很明显，由木质化的厚壁组织细胞组成，如梨、苹果的果实（图3-57）。

图 3-57　梨的梨果

（二）果实根据起源可以分为单果、聚合果、复果三类

1. 单果

一朵花中只有一枚雌蕊，形成一个果实。

2. 聚合果

一朵花中有多枚雌蕊，每一枚雌蕊形成一个小果，许多小果聚生在花托上，包括聚合蓇葖果、聚合瘦果、聚合核果、聚合翅果、聚合坚果、聚合浆果等（图3-58）。

聚合核果　　　　　聚合翅果　　　　　聚合蓇葖果　　　　　聚合坚果

图 3-58　聚合果

3. 复果

复果又称聚花果,为一个花序形成的果实,如菠萝(*Ananas comosus*)、桑的果实桑葚(图 3-59)。

桑葚

菠萝

图 3-59　聚花果

二、种子的结构和类型

种子是种子植物特有的繁殖器官,种子植物包括裸子植物和被子植物两类。种子由胚珠经过传粉受精形成,其主要功能是繁殖。种子一般由种皮、胚和胚乳 3 部分组成。种子的形状、大小、色泽、表面纹理等随植物种类不同而异。

(一) 种子的外形

种子成熟后,从珠柄或胎座上脱落,脱落处常留有一定形状的痕迹,叫作种脐。在种脐的附近可见种孔,它是由胚珠上的珠孔发育形成的,为种子萌发时吸收水分和胚根伸出的部位。

在倒生胚珠形成的种子中,在种脐的一侧有显著突起成棱的部分,称为种脊,是珠柄与外珠被相愈合的部分。

种子的大小随植物种类不同而异,大的种子如椰子(*Cocos nucifera*)可达几千克,小的种子如兰科植物斑叶兰(*Goodyera schlechtendaliana*)的种子只有不到 1 μg。种子形状也因种而异,常呈圆形、椭圆形、肾形、卵形、圆锥形、多角形等。很多植物的种子表面有穴、沟、网纹、条纹、突起、棱脊等结构,有的种子还具有翅、冠毛、刺、芒和毛等附属物,这些都有助于种子的传播。

(二)胚

胚由胚轴、胚芽、胚根、子叶组成。其中胚轴是连接胚芽与胚根的柱状结构,子叶着生于胚轴上靠近胚芽的一侧。胚轴可以分为两部分,子叶到胚芽之间的部分称为上胚轴,子叶和胚根之间的部分称为下胚轴。禾本科单子叶植物如小麦、玉米、水稻的子叶特化为盾片,其胚芽外包被有鞘状结构称为胚芽鞘,胚根外包被有胚根鞘(图 3-60)。

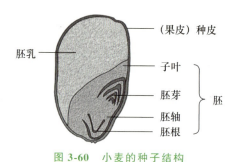

图 3-60 小麦的种子结构

很多种子在萌发时下胚轴首先显著伸长,例如日常生活中常吃的豆芽,其可食部分主要是显著伸长的下胚轴。胚根位于胚轴的下端,由根的顶端分生组织与根冠组成,以后将发育成植物的主根。胚根的先端一般正对着种孔,有利于在萌发时吸收水分。

胚的各部分都由胚性细胞组成,这些细胞体积小,细胞质浓厚,核相对比例大,细胞质中没有或仅有小的液泡,并且这些细胞还具有很强的分裂能力。

胚的子叶数目依植物的种类而不同,裸子植物常具有多枚子叶,如侧柏(*Platycladus orientalis*)2~3 枚,银杏多 2 枚,油松多枚。被子植物的子叶可以分为两类:一类具有两枚子叶,如瓜类、豆类、棉花、桃、苹果等,称为双子叶植物;另一类只有一枚子叶,如小麦、玉米、水稻、百合、葱等,称为单子叶植物。

子叶是贮藏或吸收转运养料的叶状结构,可为萌发初期的种子提供营养支持。子叶的形状随植物不同差异较大,如花生、菜豆(*Phaseolus vulgaris*)的子叶含有大量的贮藏组织,肥厚呈肉质状;蓖麻的子叶呈薄的片状(图 3-61);棉花的子叶在种子内部多次折叠。

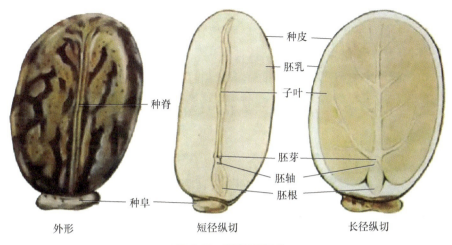

图 3-61 蓖麻的种子

（三）胚乳

种子根据里面有无胚乳分为有胚乳种子和无胚乳种子两类。

无胚乳种子在形成的早期，胚乳中的营养物质被胚吸收转移到子叶里贮藏起来，因此种子成熟后胚乳消失，子叶特别肥厚，由子叶起着胚乳的作用，如花生、豆类、瓜类等。

有胚乳种子的胚乳中含有大量的贮藏物质，主要是淀粉、脂类和蛋白质。多数有胚乳种子的胚乳体积较大，往往占种子的大部分，而胚较小，如玉米、小麦、蓖麻等。

胚乳或子叶中贮藏的营养物质，随着植物种类的不同而不同，如小麦、水稻、玉米等种子里面大部分是淀粉，大豆、豌豆种子里大部分是蛋白质，蓖麻、花生、向日葵、胡桃、松等种子里大部分是脂类。

（四）种皮

种皮是种子的保护结构，由珠被发育形成，具有保护胚和胚乳的功能。种皮通常可分数层，组成种皮的外层细胞在成熟时多已死亡，这些细胞大多具有加厚的细胞壁，以增加种皮的硬度和不透水性；中间层往往分化为纤维或石细胞；而内层往往是薄壁细胞。

被子植物的种皮结构多种多样，一方面取决于珠被的数目，另一方面取决于种皮发育中的变化。如花生、桃、杏等种子外面有坚硬的果皮,其种皮结构简单,薄如纸状;水稻、玉米的种皮与果皮愈合,种皮可分为多层;棉花和有些豆科植物的种子,种皮坚硬,表皮下有栅栏状的厚壁组织细胞层;番茄和石榴的种皮细胞变得肉质化。

裸子植物的种皮由明显的3层组成。外层和内层为肉质层,中层为石质层。裸子植物种子外面没有果皮,在胚珠发育成种子的过程中,一部分裸子植物的种子通常由肉质的假种皮或种鳞所包被,如红豆杉(*Taxus chinensis*)、榧树(*Torreya grandis*)、圆柏(*Sabina chinensis*)等(图 3-62)。

具肉质假种皮的红豆杉　　　　　被肉质种鳞包被的圆柏

图 3-62　裸子植物的假种皮

有些植物的种皮中含有色素,因此使种子具有不同的颜色,如各种豆类的种子。种皮的表皮常具有附属物,最常见的是柳和棉花的表皮毛(图 3-63)。

柳　　　　　棉花

图 3-63　种皮的表皮毛

第三节 植物繁殖器官与环境的关系

一、花芽分化

植物的开花期因种而异,但每一种植物的开花期是大体一致的,这是因为每种植物的开花需要一定的环境条件,主要与光照和温度有关。

(一)光照

植物的开花与昼夜光暗的长度有关。比如同一种植物在同一地区种植时,尽管在不同的时间播种,开花期却都差不多;而同一种植物在不同纬度地区同时种植时,开花期表现有规律的变化。

植物根据成花对日照时间的要求,可以分为长日照植物、短日照植物、日中性植物等类型。

1. 长日照植物

日照长度必须大于一定时期才能成花的植物,属于长日照植物的有小麦、大麦、油菜、菠菜、白菜、甜菜、胡萝卜、山茶、杜鹃、桂花(*Osmanthus fragrans*)等。

2. 短日照植物

日照长度必须短于一定时期才能成花的植物,属于短日照植物的有水稻、玉米、大豆、高粱、烟草、牵牛、大麻、草莓等。

3. 日中性植物

植物的成花对日照长度不敏感,在任何长度的日照下均能开花,如黄瓜、茄、辣椒、菜豆、棉花、向日葵、蒲公英等。

(二)温度

有些植物的开花要求一定的温度,如有些植物需经春化作用才能开始花芽分化。

低温诱导促使植物开花的作用称为春化作用。不同植物对低温的要求不同,对大多数要求低温的植物,1~2℃是最有效的春化温度。一般认为植物感受低温的部位是分生组织和某些能进行细胞分裂的部位。

开花期是植物最脆弱的时期,遇上低温很容易导致不开花或死亡。寒冬过去后再开花结实(即春化作用),是植物经过长期演化发展出的一种应对低温环境的适应策略,以确保繁衍后代的目的。

二、花粉传播

(一)风媒

风媒指借助风力来传送花粉,如松、杉、玉米、杨等植物。风媒植物的花称为风媒花。风媒花一般颜色不鲜艳,或不具花被,也没有芳香气味,不具蜜腺,但花粉数量较多,花粉光滑、干燥而轻。花的雌蕊柱头往往显著突出(图3-64)。

图 3-64 风媒花

(二)虫媒

虫媒指借助昆虫等动物来传送花粉,如柳、梨、菊、兰等植物。虫媒植物的花称为虫媒花。虫媒花一般颜色鲜艳,气味芳香,往往具蜜腺,能分泌蜜汁。花粉数量相对少,花粉体积较大,具有刺或突起,甚至粘着成块,便于动物携带(图3-65)。

虫媒植物的种类很多,传粉的昆虫也多种多样。花与虫之间常有各种相互适应的关系,如花的大小、结构、蜜腺的位置与昆虫的大小、口器的结构等都是密切相关的。

图 3-65　虫媒花

三、果实和种子的传播

在长期的自然选择过程中，成熟的果实和种子往往有多种传播方式，具备适应各种传播方式的特征和特性。如自体传播、风力传播、水力传播、鸟类传播、哺乳动物传播、昆虫传播等。其中，最主要是昆虫传播（虫媒花）、风力传播（风媒花）。

（一）自体传播

自体传播就是靠植物体本身进行传播，并不依赖其他的传播媒介。有些植物的果实或种子成熟后会因重力作用直接掉落地面，例如毛柿（*Diospyros strigosa*）及山榄（*Planchonella obovata*）；有些植物的蒴果和角果，果皮各层细胞的含水量不同，成熟干燥后各层收缩的程度也不相同，开裂之际会产生弹射的力量，将种子弹射出去，如大豆、绿豆（*Vigna radiata*）等的荚果；有些植物如牻牛儿苗（*Erodium stephanianum*）果皮外卷，凤仙花（*Impatiens balsamina*）的果皮内卷，可因果皮卷曲弹散其种子。

自体传播种子的散布距离有限，但部分自体传播的种子，在掉落地面后，会有二次传播的现象发生，鸟类、蚂蚁、哺乳动物都是可能的二次传播者。

（二）风力传播

适应风力传播的果实和种子，大多数是小而轻的，且常有翅或毛等附属物。如苦荬菜（*Ixeris polycephala*）、蒲公英的果实有冠毛，柳的种子外面有绒毛，榆树、白蜡树（*Fraxinus chinensis*）的果实和松的种子有翅，酸浆属（*Physalis*）的果实有薄膜状的气囊等，这些都是适于风力传播的特有结构，使植物的果实或种子都能随风飘扬传到远方（图 3-66）。

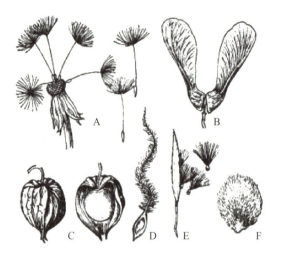

图 3-66 植物果实和种子适应风力传播的特有结构
A. 蒲公英的冠毛；B. 槭树的翅状果皮；C. 酸浆（*Physalis alkekengi*）的气囊；D. 铁线莲（*Clematis florida*）果实的羽状花柱；E. 马利筋（*Asclepias curassavica*）种子的纤毛；F. 棉花种子的表皮毛（仿陆时万，改绘）

有些植物的种子细小，它的表面积与质量的相对比例较大，种子因此能够随风飘散，如兰科的种子。

在草原或荒漠上的风滚草，种子成熟时，球形的植株在根部折断或连根拔起，随风吹滚，分布到较远的场所，如猪毛菜属（*Salsola*）、丝石竹属（*Gypsophila*）等（图 3-67）。沙生植物的种子或果实多属风播植物，具有靠风传播果实和种子的各种不同适应，并保持在流沙的上层表面，而不被沙埋得太深。

图 3-67 风滚草

（三）水力传播

水生植物的果实或种子，多借水力传播。如莲的花托形成莲蓬，是由疏松的海绵状通气组织所组成的，适于水面漂浮传播（图 3-68）。生长在热带海边的椰子（*Cocos nucifera*），其外果皮与内果皮坚实，可抵抗海水的侵蚀；中果皮为疏松的纤维状，能借海水漂浮传至远方。沟渠边生长的很多杂草［如苋属（*Amaranthus*）、藜属（*Chenopodium*）等］，它们的果实散落水中后，可顺流至潮湿的土壤上，萌发生长，这是杂草传播的一种方式。

图 3-68　水力传播

（四）人类和动物传播

有些植物的果实具有刺或钩，当人或动物经过时，可黏附于衣服或动物的皮毛上，被携带至远处，如鬼针草（*Bidens pilosa*）的果实有刺、土牛膝（*Achyranthes aspera*）的果实有钩等。有些植物具有坚硬的种皮或果皮，它们成熟的果实和种子被鸟兽吞食后，可以耐受消化液的侵蚀，种子随粪便排出体外后萌发生长，如番茄的种子和稗草（*Echinochloa crusgalli*）的果实。由于鸟类传播种子的距离是所有方式中最远的，靠鸟类传播种子是一种演化性状。

有些鸟类摄食种子后，并没有消耗掉所有的养分，掉在地上的种子，其表面上还有残存的一些养分可供蚂蚁摄食，这时蚂蚁就成了二次传播者。蚂蚁在种子的自体传播或哺乳动物传播上也常扮演二次传播者的角色。

有些具中、大型的肉质果或干果的植物可以靠哺乳动物传播。一般而言，哺乳动物的体型比较大，食物的需要量大，故会选择一些大型果实。如猕猴喜爱摄食毛柿及芭蕉的果实，也帮助这些植物进行传播。

第四章 植物的物质吸收和运输

除了光合作用吸收二氧化碳以外,植物还需吸收水分以及一些组成生物大分子的矿质元素如 N、P、Fe 等以维持正常生命活动。本章将分节介绍植物对水分和矿质元素的吸收、运输和代谢,植物的光合作用与呼吸作用。

第一节 植物的水分代谢及其与环境之间的关系

一、植物的水分

水分是植物体的组成物质和重要的代谢物质,在植物体中具有重要作用:水分是原生质的主要成分,是代谢作用过程的反应物质,是植物对物质吸收和运输的溶剂,水分能保持植物的固有姿态,维持细胞的紧张度。

(一)植物的含水量

植物的含水量是植物生命活动强弱的决定因素。含水量通常采用以下公式计算。

$$含水量 = (鲜重 - 干重)/鲜重 \times 100\%$$

不同种类的植物以及同一植物在不同年龄、不同器官以及不同环境条件下,含水量存在很大差别。通常植物的含水量具有以下规律:

(1)不同植物含水量不同(图 4-1)。一般绿色植物含水量为 75%~90%,水生植物可达 90% 以上,而有些地衣或苔藓仅占 6% 左右。比较而言,草本植物>木本植物,水生植物>陆生植物。

(2) 同株植物不同器官和组织含水量不同。一般来说，幼根、幼茎的含水量大于树干的含水量，休眠种子含水量很低。如根尖、幼苗、绿叶的含水量为60%~90%，树干含水量为40%~50%，风干种子8%~14%。

(3) 同一器官在不同生长期含水量不一样。植物幼年时的含水量大于老年，植物生命活动旺盛的部位，如茎尖、嫩茎、幼根的含水量较高；随着植物器官的成长与衰老，其含水量逐渐降低。

(4) 同种植物生长环境不同，含水量也不同。潮湿环境的植物含水量大于干燥、向阳环境的植物。

睡莲（含水量90%）　　苔藓（含水量6%）　　根（含水量60%~90%）　　种子（含水量10%~14%）

图 4-1　植物个体或器官的含水量

（二）植物体内水分存在的状态

植物体内的水分通常以束缚水和自由水两种状态存在（图4-2）。

(1) 束缚水：与细胞组分紧密结合而不能自由移动、不易蒸发散失的水。束缚水含量比较稳定，不参与代谢，可降低代谢强度，增强植物抵抗不良外界环境的能力。

(2) 自由水：与细胞组分之间吸附力较弱，容易自由移动的水。自由水含量变化

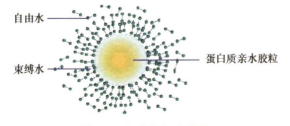

图 4-2　自由水与束缚水

大,参与代谢(光合、呼吸、物质运输),自由水含量越大,代谢越旺盛。

自由水、束缚水与代谢的关系:自由水/束缚水比值不是固定不变的,它可以衡量植物代谢活动和抗逆能力的强弱。自由水/束缚水比值高,细胞原生质呈溶胶状态,植物代谢旺盛,生长较快,抗逆性弱;自由水/束缚水比值低,细胞原生质呈凝胶状态,植物代谢活性低,生长迟缓,抗逆性强。

二、植物对水分的吸收和运输

水生植物,如各种藻类,可从周围水中吸收必需的水和矿物质;陆生植物主要依靠根来吸收水分,叶片虽然有时被雨水或露水浸湿,但由于表面有角质层覆盖,吸收水量很少,在水分供应上没有重要意义。

(一)根的吸水

根的吸水主要在根尖的根毛区进行,根毛增大了根与土壤的接触面积,同时根毛细胞壁的外部是由果胶质组成,黏性强,亲水性也强,有利于与土壤颗粒黏着和吸水。此外,根的伸长区也有一定的吸水能力。

根系吸水的动力主要有**根压**和**蒸腾拉力**两种。

(1)根压:植物根系的生理活动使液流从根部上升的压力。有些植物受伤后伤口部位流出液体,这就是由于根压所引起的。

(2)蒸腾拉力:叶片蒸腾时,气孔下腔附近的叶肉细胞因蒸腾失水,水势降低,它就向旁边细胞吸水,同理,旁边细胞因水势降低又从另一个细胞取得水分,这种水势降低作用通过一个个细胞传递到木质部导管,进而传递到根,最后促使根部从周围环境吸水,这是一种由枝叶形成的力量传到根部而引起的被动吸水。

一般情况下,植物吸水主要是靠蒸腾拉力引起的,只有在叶片未展开时,根压才成为主要吸水动力。

(二)影响根系吸水的外界条件

1. 土壤中可用水分

根部有吸水的能力,而土壤也有保水的本领(土壤本身有保水能力,土壤中一些有机胶质和无机胶质能吸附一部分水分,土壤颗粒表面能吸附一些水分),假如前者大于后者,则吸水,否则不吸水。

2. 土壤通气状况

如果土壤缺乏氧气或二氧化碳浓度过高,短期内可使细胞呼吸减弱,影响根压,继而影响吸水,如果时间过长,就会形成无氧呼吸,产生和积累酒精使根毒害,吸水更少。

不同植物对土壤通气不良的反应不同,水稻、香蒲、芦苇等耐性强,番茄、烟草(*Nicotiana tabacum*)等易受伤害。

3. 土壤温度

低温能影响根系的吸水速率(低温时,水分本身的黏性增大,扩散速率降低,水分不易通过原生质),减弱呼吸作用,影响根压,使根系生长缓慢,有碍吸水表面的增加;高温能加速根的老化和木质化,减少吸收面积,使酶的活性下降甚至失活,原生质流动缓慢。

(三)植物细胞对水分的吸收

细胞吸水主要有三种方式:

(1)未形成液泡的细胞靠吸胀作用吸水,吸胀作用是指亲水胶体吸水膨胀的现象,风干种子的吸水、分生组织的吸水和果实形成过程中的吸水都属于吸胀作用吸水。

(2)液泡形成以后主要靠渗透作用吸水。

(3)代谢性吸水(植物细胞利用呼吸作用产生的能量使水分经过质膜进入细胞),代谢性吸水只占吸水量的很少部分。

水分进出细胞取决于细胞与外界的水势差。相邻细胞间的水分移动同样取决于相邻细胞间的水势差,水势高的细胞中的水分可向水势低的细胞移动。

植物器官的水势情况:地上比根部低,上部叶比下部叶低,叶片中距主脉越远越低,根内部低于外部。

(四)植物对水分的运输

1. 水分运输的途径

水分从被植物吸收到蒸腾到体外,大致经过以下途径:首先水分从土壤溶液进入根部,通过皮层薄壁细胞,进入木质部的导管和管胞中;然后,水分沿着木质部向上运输到茎或叶的木质部,接着,水分从叶片木质部末端细胞进入气孔下腔的叶肉细胞细胞壁的蒸发部位;最后,水蒸气就通过气孔蒸腾出去(图4-3)。

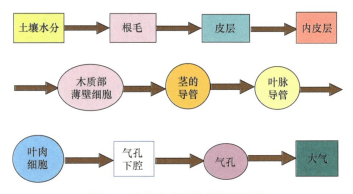

图4-3 水分在植物体的运输途径

(1) 共质体途径

共质体途径是水分从一个细胞的细胞质经过胞间连丝移动到另一个细胞的细胞质的途径。共质体是活细胞内的原生质体以胞间连丝互相联系形成的整体系统。水分从根毛到根部导管以及从叶脉到叶肉细胞含共质体途径和质外体途径(图4-4,图4-5),而在根内皮层部位,由于凯氏带的存在,水分只能通过内皮层的原生质体,即共质体途径。共质体途径的运输速度慢。

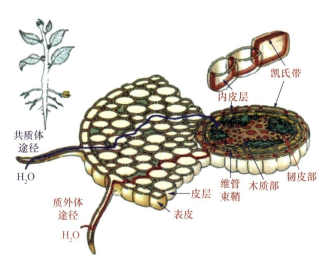

图4-4 植物根部的水分运输

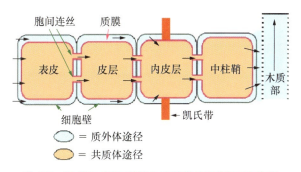

图 4-5　根部水分运输的共质体途径和质外体途径

（2）质外体途径

水分通过细胞壁、细胞间隙、导管、管胞等没有原生质的部分移动。质外体是指包括细胞壁、细胞间隙、导管、管胞等无生命部分组成的一个系统,水分在其中可以自由扩散,从根的导管或管胞到茎、叶的导管或管胞为质外体途径。质外体途径的运输速度快。

2. 水分运输的动力和速度

水分沿导管或管胞上升的动力也是根压和蒸腾拉力。

水分运输的速度与途径有关。

（1）共质体途径:活的原生质对水流移动的阻力很大,水流经过原生质速度只有 10^{-3} cm/h。

（2）质外体途径:水分在木质部的运输速度较快,在导管中达 3～45 m/h,在管胞中小于 0.6 m/h,具体速度与输导组织隔膜的大小及环境条件有关。一般地,大而长的导管运输速度高;水流速度晚上较低,白天较高。

三、植物水分的散失

水分从植物体中散失到外界的方式主要有两种:一种是以液体状态跑出体外的,即吐水作用,另一种是以气体状态,通过植物体的表面(主要是叶片),从体内散发到体外的,即蒸腾作用。后者是主要方式。

(一)蒸腾作用的意义

(1)蒸腾作用是植物对水分的吸收和运输的一个主要动力,特别是高大植物,假如没有蒸腾作用,植株的较高部分就无法获得水分。

(2)蒸腾作用是植物对矿质盐类吸收和运输的主要动力。

(3)蒸腾作用能够降低植物体叶片的温度(蒸腾过程中,水变为水蒸气时需要吸收热能)。

(二)蒸腾作用的部位

植株幼小的时候,暴露在地面上的全部表面都能蒸腾。植物长大后,能够进行叶片上的角质蒸腾和气孔蒸腾,以及茎枝上的皮孔蒸腾。

(1)角质蒸腾

指通过角质层的蒸腾。虽然角质层本身不易使水通过,但角质层中间有吸水能力较大的果胶质,同时角质层也有孔隙,可使水分通过。成年植物的角质蒸腾可以占蒸腾总量的5%~10%。

(2)气孔蒸腾

指通过地上幼嫩器官表面保卫细胞间的气孔进行蒸腾(图4-6)。绝大部分蒸腾是通过叶片上的气孔进行的。成年植物的气孔蒸腾可以占到蒸腾总量的95%。虽然气孔面积只占叶面积的0.5%~1.5%,但气孔蒸腾量要比同面积的自由水面的蒸发量快50倍以上,这主要是因为气孔的蒸腾遵从小孔扩散定律,即气体通过多孔表面的扩散速率不与小孔面积成正比,而与小孔的周长成正比。

(3)皮孔蒸腾

指通过茎枝上的皮孔进行蒸腾。皮孔是树枝表面肉眼所看到的一些褐色圆形、椭圆形或长线形的斑点,多产生于气孔所在的部位。这些细胞数目多,排列疏松,结果将表皮和木栓层胀破,裂成唇形突起,气体可以由此出入。成年植物的皮孔蒸腾约占蒸腾总量的0.1%。

一般地,绝大部分植物的蒸腾作用是在叶片上进行的。生长在潮湿地方的植物,角质蒸腾往往超过气孔蒸腾,幼嫩叶子的角质蒸腾也较多。

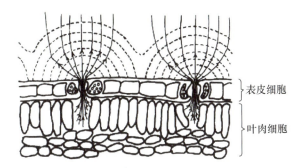

图 4-6 气孔蒸腾(实线表示水蒸气扩散途径,虚线表示相等水蒸气浓度界面)

(三)表征蒸腾作用的指标

(1)蒸腾速率:植物在单位时间单位叶面积上蒸腾的水量,用 $g·dm^{-2}·h^{-1}$ 表示,一般白天 $15\sim250\ g·dm^{-2}·h^{-1}$,夜晚 $1\sim20\ g·dm^{-2}·h^{-1}$。

(2)蒸腾系数:植物合成 1 g 干物质所蒸腾消耗的水分克数,C_3 植物为 $500\sim1000$,C_4 植物为 $200\sim300$,CAM 植物为 50。

(3)蒸腾比率:植物每消耗 1 kg 水所形成的干物质的克数。

(四)影响蒸腾作用的因素

1. 内部因素

(1)气孔密度(每平方毫米叶片上的气孔数):气孔密度大有利于蒸腾的进行。

(2)气孔大小:气孔直径较大,内部阻力小,蒸腾快。

(3)气孔下腔:气孔下腔容积大,叶内外蒸气压差大,蒸腾快。

(4)气孔开度:气孔开度大,蒸腾快;反之,则慢。

2. 外部因素

蒸腾速率取决于叶内外蒸气压差和扩散阻力的大小。所以凡是影响叶内外蒸气压差和扩散阻力的外部因素,都会影响蒸腾速率。

(1)光照:首先,引起气孔的开放,减少气孔阻力,从而增强蒸腾作用;其次,光辐射可以提高大气与叶片的温度,增加叶内外蒸气压差,加快蒸腾速率。

(2)温度:当大气温度降低时,叶温比气温高 $2\sim10\ ℃$,因而气孔下腔蒸气压的增加大于空气蒸气压的增加,使叶内外蒸气压差增大,蒸腾速率增大;当相对湿度相同时,温度越高,蒸气压越大,蒸腾加强;当气温过高时,叶片过度失水,气孔关闭,蒸腾减弱。

(3)湿度:在温度相同时,大气的相对湿度越大,其蒸气压就越大,叶内外蒸气压差就变小,气孔下腔的水蒸气不易扩散出去,蒸腾减弱;反之,大气的相对湿度较低,则蒸腾速率加快。

(4)风速:风速较大,可将叶面气孔外水蒸气扩散层吹散,而代之以相对湿度较低的空气,既减少了扩散阻力,又增加了叶内外蒸气压差,可以加速蒸腾。强风可能会引起气孔关闭,内部阻力增大,蒸腾减弱。

四、植物水分代谢与合理灌溉

农业生产上有许多措施都是为了保证植物的水分平衡。合理的灌溉措施须以植物水分代谢规律为依据。其中掌握土壤有效水和水分临界期尤其重要。

(一)土壤有效水

多数陆生植物所需水分主要来自土壤,但并非土壤中所有的水分都是植物可利用的。不受重力影响而被土壤保持的水分称田间持水量,通常是植物可利用水的上限。植物出现永久萎蔫时的土壤含水率称萎蔫系数或永久萎蔫百分数,是植物可利用水的下限。高于萎蔫系数和低于田间持水量的土壤水分属于对植物有效的水分。水分适当时,由于输送阻力较小,叶与根无需很低的水势即可吸进水分。随着植物对水分的消耗,土壤含水量逐渐降低,阻力增高,根与叶的水势就需相应降低,才能保持土壤与植物之间有足够的水势差,使水分能被植物吸收。当土壤水降低到萎蔫系数时,土壤中已缺乏植物可利用的有效水。因此农业上需及时通过测定土壤水势变化来确定土壤有效水的含量,为合理排灌提供依据。

(二)水分临界期

虽然在植物生长发育的任何时期水都是必需的,但不同时期水分的缺乏对植物的影响不同。缺水对植物危害最大的发育阶段称为水分临界期。各种植物的水分临界期不尽相同,一般在四分孢子分裂期前后。因此时正值细胞分裂、分化和生长旺盛时期,蛋白质合成和光合作用等的进行都对缺水高度敏感。研究植物在一生中的需水规律,确定水分临界期并按需供水,对确保作物生产和经济用水都具有十分重要的意义。

植物对水分的需求可根据形态指标,如叶片卷缩、叶色转浓绿、嫩芽变红、叶片变韧等判断。这种方法简便易行,但不很准确。各种生理指标如细胞水势和气孔开度等则可较为准确地说明植物体内的水分平衡状况。

第二节 矿物质的吸收和同化

一、植物所需的矿质元素

矿质元素也和水分一样,被根系吸收从而进入植物体,并通过输导组织运输到需要的部位。植物对矿质的吸收、转运和同化,称为矿质营养。

植物必需的矿质元素既有大量元素,也有微量元素。

(1) 大量元素

除氢、碳、氧外,氮、钾、钙、镁、磷、硫等 6 种植物需求量比较大的元素称为大量元素。

① 氮是氨基酸、辅酶、核酸及其他含氮物质的组成成分。

② 磷是核苷酸、磷脂和糖磷酸酯的组成成分。

③ 硫是生物素、维生素 B_1、辅酶 A、半胱氨酸、甲硫氨酸的组分。

④ 镁是叶绿素的重要组分,镁离子是许多酶的活化剂。

⑤ 钙存在于细胞壁中,促进细胞壁的合成;钙调蛋白通过与钙离子的可逆结合,调节一些酶的活性和离子的跨膜运输。

⑥ 钾是许多酶的活化剂。植物细胞中液泡内积累钾离子调节细胞的渗透势。气孔保卫细胞里钾离子的进出可以调节保卫细胞的膨压变化,从而影响气孔的开闭。

(2) 微量元素

在植物体内含量极少,但对生命活动是必需的,包括铁、锰、硼、锌、铜、钼、氯等元素。

二、细胞对矿质元素的吸收

细胞从环境中吸收矿质元素的实质即溶质的跨膜运转或跨膜传递。通过生物膜的物质吸收或运输方式主要包括：被动运输、主动运输、胞饮作用（非选择性吸收：通过膜的内折而吸收物质）等（表 4-1）。

表 4-1 植物细胞中物质跨膜运输的主要类型

运输类型		运输蛋白	运输方向	能量来源	运输底物	举例
被动运输	简单扩散		顺电化学势梯度	跨膜电化学势梯度	非极性分子	O_2、CO_2 等
		离子通道	顺电化学势梯度	跨膜电化学势梯度	离子	K^+ 通道、Ca^{2+} 通道、Cl^- 通道等
	协助扩散	载体蛋白	顺电化学势梯度	跨膜电化学势梯度	离子或分子	蔗糖转运体等
主动运输	初级主动运输（离子泵）	H^+泵（质子泵）	逆电化学势梯度	水解 ATP	质子	H^+-ATPase
		H^+-焦磷酸酶	逆电化学势梯度	水解焦磷酸	质子	H^+-PPase
		Ca^{2+}-ATPase	逆电化学势梯度	水解 ATP	Ca^{2+}	Ca^{2+}-ATPase
		ABC 转运蛋白	逆电化学势梯度	水解 ATP	离子、有机分子等	ABCB、ABCG 等
	次级主动运输	同向转运体	逆电化学势梯度	跨膜质子电化学势梯度	离子或分子	NO_3^-/H^+、K^+/H^+、PO_4^{3-}/H^+ 同向转运体等
		反向转运体	逆电化学势梯度	跨膜质子电化学势梯度	离子或分子	K^+/H^+、Ca^{2+}/H^+ 反向转运体等

三、氮的吸收和同化

氮作为植物可以吸收的营养，在土壤中主要有两种存在形式：硝态氮（NO_3^-）和铵态氮（NH_4^+）。

土壤中的硝态氮主要由细菌的硝化作用产生，该过程必须有氧气的参与。如果是通气情况不好的土壤，比如淹水土壤，其中的氮的主要形式为氨态氮。主要吸收硝态氮的植物称为喜硝植物,大部分生长在干旱环境中的植物都是喜硝植物;而主要吸收铵态氮的植物称为喜铵植物,水稻就是典型的喜铵植物。

无论吸收的是何种形式的氮,都需要转化成铵态氮后才可以被植物利用。下面的过程就是硝酸盐在植物体内的还原过程。硝酸还原酶是一种可溶性的含有钼元素的蛋白,而亚硝酸还原酶的辅基包括一个血红素和一个铁硫簇,因此当植物缺铁、缺钼的时候,硝态氮的吸收也会受影响。植物的根细胞和叶肉细胞中都存在这两类酶,所以吸收的硝态氮在根和叶都可以被还原。一般而言,温带植物大多利用根系还原硝态氮,而热带、亚热带植物则多利用其绿色组织还原硝态氮。

$$NO_3^- \xrightarrow{\text{硝酸还原酶}} NO_2^- \xrightarrow{\text{亚硝酸还原酶}} NH_4^+$$

铵或铵态氮的积累会对植物造成一定的毒性,因此直接吸收的铵或者由硝态氮还原形成的铵在植物体内往往会被迅速转化为氨基酸等无毒害性物质。铵转化为氨基酸的同化过程主要受到谷氨酰胺合成酶(GS)和谷氨酸合酶(GOGAT)的循环催化(图 4-7)。谷氨酸合酶有两种电子供体,分别是 NAD(P)H 和还原型 Fd(Fd_{red}),其中 NAD(P)H-GOGAT 广泛存在于植物和微生物中,而 Fd-GOGAT 存在于几乎所有的光合生物中,特别是高等植物的叶绿体中。铵同化过程中非常重要的底物为 α-酮戊二酸(2-OG),由呼吸作用产生,而光合作用又为呼吸作用提供底物,因此氮同化与光合碳同化密切相关,在两种同化过程共同促进的情况下,植物才可以生长得更好。

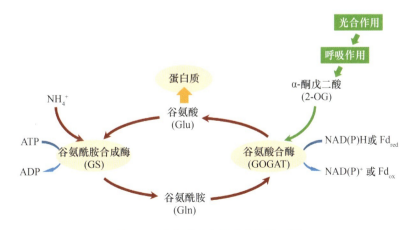

图 4-7 铵转化为氨基酸的同化过程

四、磷的吸收和同化

一般来说，矿物质和无机离子在植物体内都是溶于水中，再由导管和管胞运输到植物体的各个部位，但是有些离子也可以由韧皮部运输，如磷可以随水流经木质部到叶，然后可经韧皮部往下到植物其他部位。根系从土壤中吸收磷的主要形式为 $H_2PO_4^-$（Pi）。游离的磷酸根在植物体内主要通过与 ADP 合成 ATP 的方式进行同化，其过程主要为光合作用中的光合磷酸化和呼吸作用中的氧化磷酸化，具体内容在这两部分中有详细介绍。

第三节 植物的光合作用

光合作用，即利用光能合成有机物的过程，是地球上最重要的生化过程之一。在距今 30 多亿年以前，蓝细菌利用水和二氧化碳生成有机物并释放氧气，极大地改变了大气圈的组成，形成了防御紫外线的臭氧保护层，使地球成为更适宜好氧生物生存的星球。植物的光合作用不仅为人类提供 O_2、食物和能源，还是地球上碳循环、水循环、养分循环的重要环节。研究植物光合作用的机理，合理利用以及改善植物的光合作用，对于人类社会的可持续发展至关重要。以下将从概念、过程、类型以及光合作用的衡量方法、环境适应和调控等方面全面介绍植物的光合作用。

一、植物光合作用的定义

在 17 世纪以前，人们对于古希腊时期亚里士多德提出的"促进植物生长的物质完全来源于土壤"的观点深信不疑。出生于布鲁塞尔的科学家范·海尔蒙特（Jan Baptist van Helmont，1580—1644）通过盆栽柳树实验挑战了这一观点，使人们第一次认识到水是促进植物生长的重要物质。之后，从 18 世纪末至 19 世纪末，随着物理、化学等实验技术的突破，人们加深了对于元素的认识，最终明确了 CO_2 是植物生长的另一个重要原料以及绿色叶片在光下产生 O_2 和糖类物质。这基本上形成了目前公认的植物光合作用的定义：植物的绿色组织利用光能将 CO_2 和水固定成糖类并释放 O_2 的过程。这一定义也可以写成下面的公式形式：

$$CO_2 + H_2O \xrightarrow{\text{光}} 糖类 + O_2$$

对于上述定义需要特别说明的是：① 存在利用水以外的物质（比如硫化氢等）进行光合作用的生物；② 植物界存在以腐生植物为代表的异养植物，所以这个定义仅适用于光合自养植物以及蓝细菌，而不适用于所有光合生物或所有植物。

二、叶绿体、叶绿素与光能的捕获

叶绿体，即真核生物中含有叶绿素的质体，是植物进行光合作用的主要场所。叶绿体的形状因植物种类的不同而有差异。在高等植物中，叶绿体主要呈椭圆球形或凸透镜形，而在藻类中还有条带形（如水绵）、杯形（如衣藻）等形状。叶绿体由外膜、内膜和类囊体膜三种膜结构分割成膜间隙、基质和类囊体腔三个空间（图 4-8）。其中，类囊体膜上分布着多种重要的蛋白质复合体与酶，是光能吸收与转化的场所。叶绿体是半自主细胞器，其内部存在环状双链 DNA 分子和核糖体，可以自主进行基因的转录与翻译。除叶绿体自主编码的蛋白质以外，其余由细胞核 DNA 编码的蛋白质首先由细胞质中的核糖体进行初步合成，然后运送到叶绿体内进行再加工，成为具有功能的蛋白质。

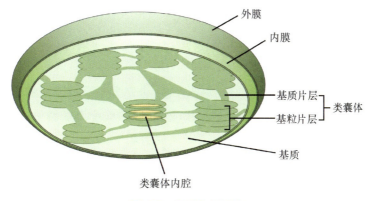

图 4-8 叶绿体的结构

叶绿素是一类可以吸收光能的色素。高等植物一般含有两种叶绿素：叶绿素 a 和 b。它们的共同结构为类卟啉环，中心配位离子为镁离子，有一条长的疏水性碳氢链，可以将叶绿素固定在蛋白质分子上。叶绿素 a 和 b 仅在一个官能团上有差异，并且可以通过生化反应进行相互转化（图 4-9）。除了叶绿素 a、b 以外，目前还发现存在于藻类和光合细菌中的其他类似结构的叶绿素，即叶绿素 c、d、f，以及多种细菌叶绿素。

除叶绿素外,高等植物的类囊体中还存在另一类重要色素——类胡萝卜素。类胡萝卜素是一种线状、具有类异戊二烯聚合物的色素,根据结构可以分为两类:一类是只含有碳氢两种元素的胡萝卜素(如 β-胡萝卜素),还有一类是具有含氧官能团的叶黄素(如紫黄质)。类胡萝卜素的主要功能是辅助叶绿素吸收光能,以及可以通过放热的形式消解强光对光合结构的伤害。

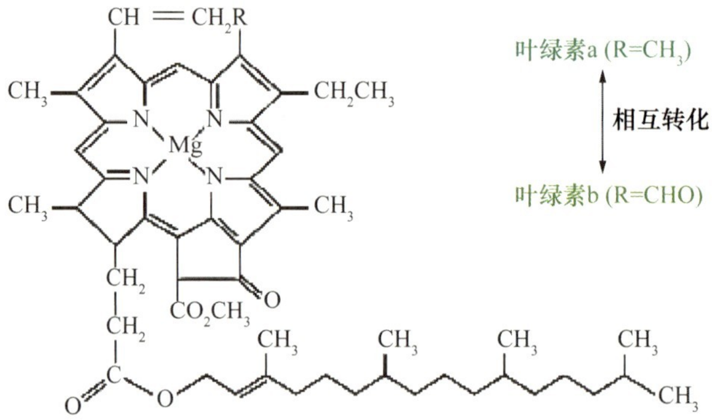

叶绿素a (R=CH$_3$)

相互转化

叶绿素b (R=CHO)

图 4-9　叶绿素结构

叶绿素与类胡萝卜素的吸收光谱如图 4-10 所示。叶绿素 a 和 b 的结构差异导致了叶绿素 a、b 在红、蓝光域的吸收峰有所差异,这也导致在有机溶剂中萃取的叶绿素 a 呈蓝绿色,而叶绿素 b 呈黄绿色。需要强调的是,虽然叶绿素主要吸收红光和蓝光,但是也可以吸收绿光。在叶片内部,由于光路的迂回散射,叶肉细胞中的叶绿体可以反复吸收利用叶片内部的散射光,使得对于绿光的吸收率大幅提升。因此,虽然叶片是绿色的,但是依然可以吸收部分绿光,而由于绿色叶片对于红、蓝光的吸收率更高(接近 100%),反射率更低,所以叶片还是呈现绿色。叶绿素的合成是一个非常复杂的过程,需要有多种酶以及铁硫簇的参与,其中形成叶绿素关键步骤的酶(原叶绿素酸酯氧化还原酶,POR)需要由光激活,所以在无光的情况下无法合成叶绿素。这也就是为什么叶片遮光时间过长会变黄,以及在无光的情况下,幼苗会出现黄化现象。

在类囊体膜上,类胡萝卜素、叶绿素 b、叶绿素 a 与蛋白质形成色素—蛋白复合体,即天线色素复合体。其中,色素(可称为天线色素)主要起到吸收光能的作用,蛋白质主要起到支撑以及调节色素排列的作用。两类色素的主要吸收光域为可见光(400～700 nm)域。由于光是具有能量的,因此光能被色素吸收之后,色素分子被激发,形成高能状态,

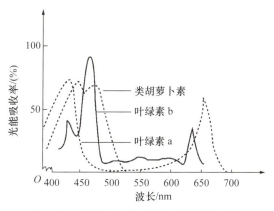

图 4-10　叶绿素和类胡萝卜素的吸收光谱

并以物理形式传递给附近的其他色素分子,最终将能量传递到反应中心(图 4-11)。

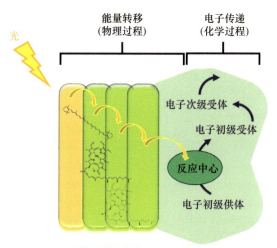

图 4-11　光能的吸收与传递

一般情况下,叶绿素 a 的含量更多且是反应中心的核心成分,而叶绿素 b 主要存在于天线色素复合体中,因此叶绿素 a 与 b 的比值也可以表征叶片的光合活性。通常,叶绿素 a 和 b 的比值大约为 3∶1,低于这个比值则说明叶片中叶绿素 b 的含量多,天线色素复合体相对较多,而反应中心相对较少,所以叶片的光合活性较低。

三、电子传递与能量转化

高等植物的类囊体膜上存在两个反应中心：P680 和 P700，分别代表了色素对光吸收的峰值为 680 nm 和 700 nm。每个反应中心为一对叶绿素 a 的二聚体，其外面被蛋白质复合体以及天线色素复合体包裹，这种蛋白质色素复合体被称为光系统，即光系统 II（PSII，包含 P680）和光系统 I（PSI，包含 P700）。

在类囊体膜上，除了两个光系统以外，还有另外两大跨膜复合体——细胞色素 b_6f 和 ATP 合酶，它们与位于类囊体膜内侧的质体蓝素以及在膜间穿梭的质体醌库共同构成了光合电子传递链。

PSII 的天线色素吸收光能后，通过能量传递激活反应中心，同时反应中心接收由水光解产生的电子，将电子在 PSII 复合体中逐步传递下去，直至传递给质体醌，质体醌结合 H^+ 生成质体氢醌（PQH_2），不仅将电子传递给细胞色素 b_6f，也将质子向类囊体膜内运输。之后，电子经由质体蓝素传递到 PSI。PSI 吸收光能后，最终将电子传递给 $NADP^+$，形成还原剂 NADPH。在类囊体膜内积累的 H^+ 形成质子动力势，通过跨膜运输，使 ADP 在 ATP 合酶的催化下生成 ATP。光合电子传递链中各种复合体或物质在类囊体膜上的排列如图 4-12 所示。

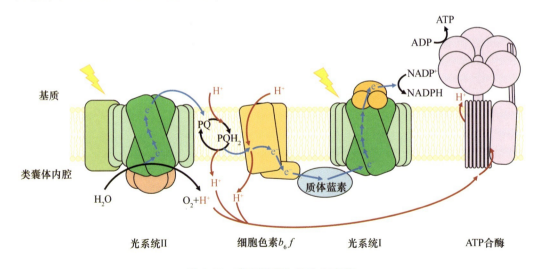

图 4-12 类囊体膜上四大复合体

在光合电子传递链上,吸收的光能进行氧化还原反应。根据氧化还原电势高低,从 PSⅡ 到生成的还原剂 NADPH,可以排列呈横写的字母"Z"形(图 4-13),因此也称为"Z"方案。

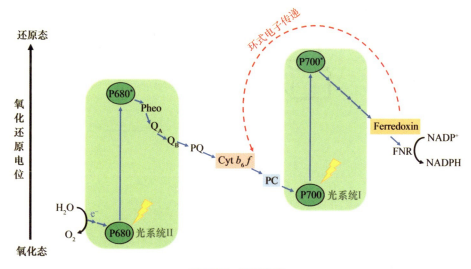

图 4-13 "Z"方案

近年来,随着 X 射线衍射和冷冻电镜技术的飞速发展,研究者们逐步揭示了 PSⅡ、PSⅠ、细胞色素 $b_6 f$ 和 ATP 合酶 4 个主要的跨膜复合体的分子结构,其中在 PSⅡ 上特别重要的可以光解水的复合体结构也被发现了。如图 4-14 所示,可以光解水的复合体中最为核心的部分是含锰钙氧的复合物。水分子被该复合物通过 4 次闪光(4 步)分解成了 O_2 和 H^+,这一过程不仅比人工电解水的效率高,而且成本非常低,如果可以完全破解这一过程,有望在人工光合领域以及人类能源利用领域实现飞跃性的突破。

光合电子传递实现了电荷在类囊体膜上的分离,即负电荷(电子)被运送到叶绿体基质中生成还原剂 NADPH;正电荷(质子)被运送到类囊体腔内形成电势差,驱动 ATP 的合成。通过一系列过程,将光能临时储存在 ATP 和 NADPH 中,为后续的碳固定提供必要的能量和还原剂。

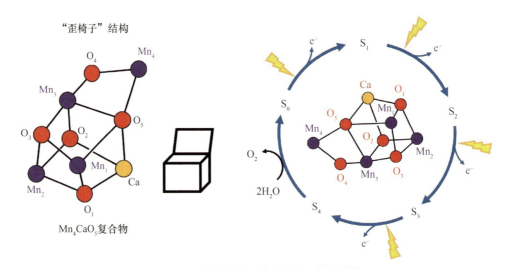

图 4-14　光解水核心复合物与反应步骤

在类囊体膜上,PSⅡ与PSⅠ并非一一对应,而是存在空间上的分离。PSⅡ更集中地存在于类囊体基粒片层的垛叠区域,PSⅠ则更多地存在于非垛叠区域或基质片层上。另外,PSⅡ和PSⅠ的外侧一般会伴有捕光色素复合体(LHC),PSⅡ外侧的是LHCⅡ,PSⅠ外侧的是LHCⅠ,其中LHCⅡ可以通过调整与PSⅡ的距离,提高或降低PSⅡ的激活,起到调节电子传递效率的作用(图4-15)。

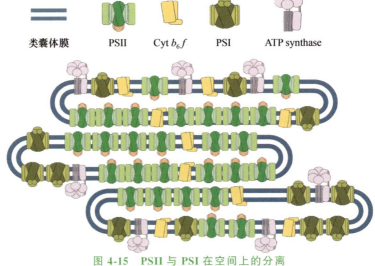

图 4-15　PSII 与 PSI 在空间上的分离

四、碳的同化

(一) CO_2 扩散

在光合作用中,重要的底物 CO_2 来源于大气,并以气体分子的形式在类囊体的基质中被同化。因此,CO_2 扩散的情况与植物的碳同化密切相关。CO_2 从大气到类囊体基质的扩散阻力主要包括三个方面:边界层阻力、气孔阻力、叶肉阻力(图 4-16)。在表征光合气体交换过程时,常用阻力的倒数"导度"来表示,即边界层导度、气孔导度、叶肉导度。

(1) 边界层阻力是指叶片表面边界层产生的对气体扩散的阻力。边界层由叶片表面相对未扰动过的空气(主要为水蒸气)组成。一般情况下,由于气孔间的距离远远小于边界层的厚度,所以水蒸气的等压线与叶片表面基本平行。边界层阻力与叶片面积成正比,与叶片表面空气流速(如风速)成反比。

(2) 气孔阻力是指气体通过气孔保卫细胞进行扩散时产生的阻力,是植物进行光合作用时气体扩散的最大阻力。当气孔张开时,气体扩散的阻力小;反之当气孔关闭时,阻力大。由于气孔的开闭不仅影响 CO_2 的扩散,还同时影响植物体水分的蒸散,因此气孔开闭的权衡对植物体至关重要。

(3) 叶肉阻力是指气体由气孔下腔进入叶绿体所受到的阻力。叶肉阻力主要与细胞壁厚度、叶绿体的位置,以及存在于细胞膜和液泡膜上的水孔蛋白活性有关。当植物受到水分胁迫时,不仅气孔阻力增加,叶肉阻力也会增加。

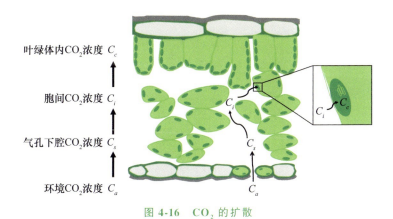

图 4-16 CO_2 的扩散

(二) 碳的同化

进入类囊体基质中的 CO_2 在多种酶的催化下开始进行同化反应。该反应过程由美国科学家卡尔文(Melvin E. Calvin)及其同事本森(Andrew A. Benson)、巴萨姆(James A. Bassham)利用同位素示踪技术共同确立,因此被称为卡尔文循环或 CBB 循环。

卡尔文循环是所有植物进行光合作用时碳同化的必要反应过程。卡尔文循环过程可以分为三个阶段:羧化反应阶段、还原反应阶段和再生反应阶段(图 4-17)。

(1) 在羧化反应阶段,也就是碳的固定阶段,6 分子 CO_2 与 6 分子五碳化合物核酮糖-1,5-二磷酸(RuBP)在核酮糖-1,5-二磷酸羧化酶/加氧酶(Rubisco)的催化下结合,然后迅速裂解为 12 分子的三碳化合物 3-磷酸甘油酸。

(2) 在还原反应阶段,光合电子传递产生的还原剂 NADPH 将 12 分子的 3-磷酸甘油酸还原成 12 分子的 3-磷酸甘油醛(也称为磷酸三糖),该过程也会消耗 ATP。还原反应发生后,有 2 分子的 3-磷酸甘油醛将离开卡尔文循环,用于合成光合产物蔗糖和淀粉,这部分也称为 CO_2 的净同化量。

(3) 在再生反应阶段,10 分子的 3-磷酸甘油醛继续留在卡尔文循环中用于底物

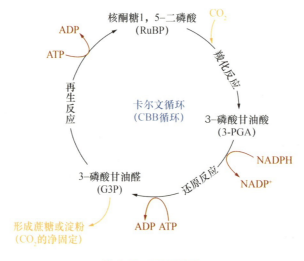

图 4-17 CBB 循环

RuBP 的再生成。重新合成 RuBP 的反应较为复杂，其中会生成含碳数不等的各种中间产物，这些中间产物也为其他生物合成途径提供了底物，再生反应阶段也会进一步消耗 ATP。

总的来说，在卡尔文循环中，每固定 6 分子 CO_2 会消耗 12 分子 NADPH 和 18 分子 ATP。

相比于光合电子传递的快速高效，碳同化过程是一个相对比较慢的过程，其中最主要的原因是催化 CO_2 固定的 Rubisco 酶效率比较低。Rubisco 酶的全称是 RuBP 羧化酶/加氧酶，是一个具有羧化和加氧双重催化功能的酶，既可以与 CO_2 结合，也可以与 O_2 结合。与 O_2 结合后，生成 3-磷酸甘油酸和 2-磷酸乙醇酸，2-磷酸乙醇酸经过氧化物酶体和线粒体中的一系列反应后重新生成 3-磷酸甘油酸，回到卡尔文循环。由于在此过程中不仅消耗 O_2 还生成 CO_2，类似于呼吸作用，因此被称为光呼吸（图 4-18）。

尽管 Rubisco 酶与 O_2 结合的能力比与 CO_2 结合的能力差了 2 个数量级，但由于大气中的 O_2 含量远大于 CO_2 含量，因此光呼吸过程与卡尔文循环在争夺底物方面形成竞争，制约了光合碳固定。虽然光呼吸的存在不利于植物固碳，但近年来的研究指出，光呼吸更有利于底物 RuBP 中碳的回收、氮的再生利用，以及通过消耗过剩的还原剂避免光合系统受损。

卡尔文循环同化的碳可在叶绿体中生成淀粉，也可被运输到细胞质中生成蔗糖，两种糖类物质之间可以相互转化。淀粉可以降解为蔗糖，而蔗糖也可以运输到非同化器官后生成淀粉，如马铃薯块茎中的淀粉就是来自叶片产生的蔗糖。同化器官，即可以进行碳同化的器官（比如叶片），与非同化器官（比如根、块茎、花、果实）可以看作是碳的源和汇，源—汇之间的协同也会影响植物的光合作用能力。

五、C_4 途径

一些起源于热带的植物如甘蔗、玉米、高粱等在进行光合作用时，CO_2 被固定生成的第一个中间产物是四碳化合物。因此该途径也被称为 C_4 途径（图 4-19），利用该途径进行碳固定的植物称为 C_4 植物。同时，由于卡尔文循环中 CO_2 最初被固定为三碳化合物，

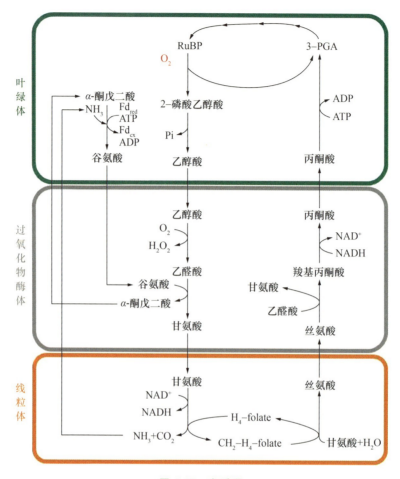

图 4-18 光呼吸

因此只利用卡尔文循环进行碳固定的途径被称为 C_3 途径,相应的植物被称为 C_3 植物。

C_4 途径的过程主要包括：

(1) 大气中的 CO_2 在碳酸酐酶的催化下生成 HCO_3^-；

(2) HCO_3^- 在磷酸烯醇式丙酮酸羧化酶(PEPC)催化下与三碳化合物磷酸烯醇式丙酮酸(PEP)结合生成四碳化合物草酰乙酸(OAA)；

(3) OAA 继续转化成其他的四碳化合物,然后运输到可以进行卡尔文循环的细胞(或细胞区域)附近,发生脱羧反应,释放 CO_2 和三碳化合物；

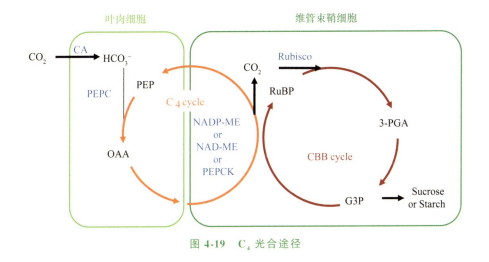

图 4-19 C_4 光合途径

（4）CO_2 进入卡尔文循环被固定成糖类，三碳化合物重新生成 PEP。

可以看出，C_4 途径相比 C_3 途径多了一个对于 CO_2 的收集、浓缩和转运的过程，这一过程极大地提高了卡尔文循环中 Rubisco 酶周边的 CO_2 浓度，使得其固定 CO_2 的能力强于 C_3 植物。另外，也由于增加了这一过程，C_4 途径比 C_3 途径消耗的能量更多。

目前已知的 C_4 植物仅为被子植物，已发现了 8000 种以上，分布于 20 多个科。虽然 C_4 植物的物种数仅占植物总物种数的 3% 左右，但其生产力占了世界植物总生产力的 20%。常见的 C_4 植物有玉米、高粱、粟（*Setaria italica*）（谷子）、苋菜等，近年来的研究中经常会使用白花菜科的 *Gynandropsis gynandra* 和菊科的 *Flaveria bidentis* 作为模式植物，主要是因为这两种 C_4 植物都有与之近缘的 C_3 物种，且基因序列都已公布，便于从分子水平开展 C_3 与 C_4 植物的比较研究。

目前已知的大多数 C_4 植物与 C_3 植物在形态和生理上存在显著差异。

（1）形态上：C_4 植物的维管束鞘薄壁细胞体积较大，细胞中含有许多较大的叶绿体，叶绿体无基粒或基粒发育不良；维管束鞘外侧的一层叶肉细胞呈环状或近环状排列，组成了"花环型"结构。该层叶肉细胞排列紧密，与鞘细胞间有大量的胞间连丝。多数 C_4 植物在通常情况下只有维管束鞘薄壁细胞形成淀粉，在叶肉细胞中没有淀粉。C_3 植物的维管束鞘薄壁细胞较小，不含或很少含叶绿体，没有"花环型"结构，维管束鞘周围的叶肉细胞排列松散。C_3 植物由于仅叶肉细胞含有叶绿体，整个光合过程都是在叶肉细胞里进行的,淀粉只积累在叶肉细胞中,维管束鞘薄壁细胞无淀粉(图 4-20)。近年有研究表明,在苋科、藜科、水鳖科(Hydrocharitaceae)的某些植物中可以不存在花环结构以及两种细胞的分工,在单细胞中就可以实现 C_4 途径。具体方式为在细胞内形成区划,一部分区域内的叶绿体执行 CO_2 前期固定的功能,另一部分区域的叶绿体执行卡尔文循环。由于 C_4 途径从发现到今不足百年,且 C_4 植物在基因表达、形态结构等方面更为复杂,研究难度更大,因此尚存在很多未知点亟待探索。

（2）生理上：由于 PEPC 酶活性强(PEPC 酶的活性约为 Rubisco 酶的 60 多倍),对 CO_2 的亲合力远远大于 Rubisco 酶。因此,C_4 植物具有较强的光合作用能力且光呼吸非常低(C_3 植物光呼吸消耗光合作用形成有机物的 1/4 或 1/3,C_4 植物只耗损 2%~5%)。在适应性上,C_4 植物的光补偿点高,CO_2 补偿点低(关于"光补偿点"与"CO_2 补偿点"的内容请参看"七 影响光合作用的因素")。

图 4-20　C_3 植物和 C_4 植物的叶片结构

六、景天酸代谢途径

早在 1682 年就有学者发现芦荟的味道存在显著的日夜变化,白天采的芦荟甜一些,而晚上采的芦荟苦一些。之后,在 19 世纪初,又有学者发现仙人掌是在夜间吸收 CO_2,景天科植物落地生根在夜间大量积累有机酸,但是直到 C_4 途径被揭示后,关于这些植物的光合途径才逐渐明确。由于这些植物的光合途径涉及有机酸的积累,并且最终是以景天科植物为研究对象发现的,因此被称为景天酸代谢途径(CAM 途径)。利用这一途径进行光合作用的植物被称为 CAM 植物。除了景天科以外,仙人掌科、凤梨科(Bromeliaceae)、百合科等约 40 个科的被子植物,以及裸子植物[百岁兰科(Welwitschiaceae)]和蕨类植物[水韭科(Isoetaceae)等]中都有CAM植物,物种总数在16 000~20 000 种,主要特征是这些植物都具有极强的耐旱性,可以在荒漠等缺水的环境下生存。

CAM途径的整个过程与C_4途径类似(图4-21,图4-22),都是先将CO_2(实际为HCO_3^-)固定成四碳化合物,然后再重新释放出CO_2,由卡尔文循环最终固定成糖类。区别在于,C_4途径存在空间上的分离,需要在不同细胞或者细胞区域中的叶绿体内进行;而CAM途径不存在空间上的分离,但却存在时间上的分离。在CAM途径中,从CO_2到生成四碳化合物的过程发生在夜晚,生成后储存在液泡中;而白天,四碳化合物从液泡中运出,在叶绿体基质中,脱羧释放CO_2,通过卡尔文循环进行固碳。

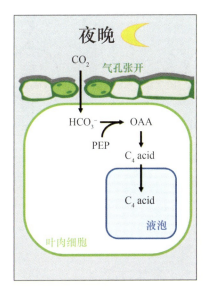 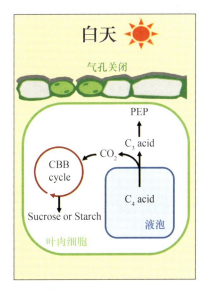

图 4-21　CAM 光合途径

CAM途径的发现颠覆了之前人们对光合作用过程的一些认识:比如气孔在白天开放、夜晚关闭,以及PEPC酶需要光激活等。这些说明植物的光合作用及其调控机制具有复杂性和多样性,而光合途径的构建与植物对于环境的适应性演化密切相关。

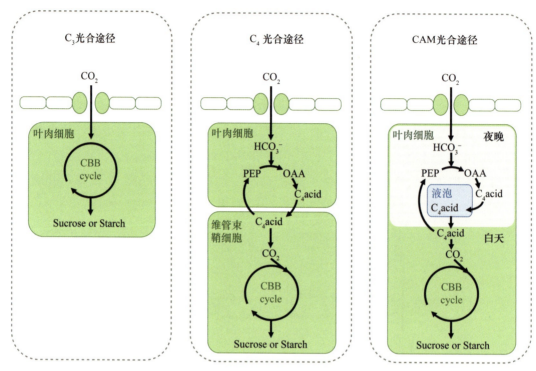

图 4-22 C_3 植物、C_4 植物和 CAM 植物的比较

七、影响光合作用的因素

(一) 光和 CO_2 对于光合作用的影响

对于光合作用来说,光是能量的来源,CO_2 是必需底物,因此通过测定叶片光合速率与光强或 CO_2 浓度的关系,建立光合—光响应曲线或光合-CO_2 响应曲线,可以很好地了解叶片的光合能力以及引起叶片光合差异的原因。

1. 从光合—光响应曲线解析光对于光合作用的影响

当其他环境条件一致,测定同一叶片在不同光强下的光合作用速率,并把测定结果在坐标轴中用线连接起来,就得到了如图 4-23 所示的光合—光响应曲线。其中横轴代表光照强度,纵轴代表净光合速率(net photosynthetic rate,Pn),即总固定 CO_2 速率减去呼吸作用放出 CO_2 速率。曲线与横轴的交点处,净光合速率为 0,称为"光补偿点",

即总固定 CO_2 速率与呼吸作用放出 CO_2 速率相等时的光强。在光补偿点左侧的部分，净光合速率为负值，当光强为 0 时，曲线与纵轴相交，净光合速率的值最小。由于光强为 0 时叶片不再进行光合作用，因此得到的净光合速率的最大负值即为该叶片的呼吸速率。在光补偿点右侧的部分，净光合速率为正值，且随光强的增加，光合速率呈现快速增长和缓慢增长两个阶段。在快速增长阶段，光合速率与光强呈显著的线性相关关系，表示在此区域内，光强是光合作用最大的限制因素。根据上述介绍的光合作用过程，可以理解为由于光强的不足，限制了光合电子传递速率，使得产生的 ATP 和 NADPH 不能满足 CO_2 同化的需求。随着光强的逐渐增加，曲线出现拐点，随后进入缓慢增长阶段，直到光合速率不再随光强的增加而增加，即达到了饱和。曲线中光合速率达到饱和时所对应的光强被称为"光饱和点"。在缓慢增长阶段，光强已经可以充分保障 ATP 和 NADPH 的生产，此时 CO_2 同化的速率就成为光合速率的主要限制因素。

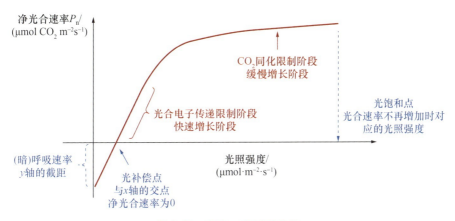

图 4-23 光合—光响应曲线

通过比较不同种植物的光合—光响应曲线，或者不同生境下同种植物的光合—光响应曲线，可以更好地了解光对植物光合作用的影响以及植物光合作用对光环境的适应。如图 4-24 的左图中，阳地植物水稻和阴地植物拟南芥的光合—光响应曲线就有显著差异，主要表现在水稻的光补偿点和饱和点较高，呼吸速率较高，高光强（200 μmol·m^{-2}·s^{-1} 以上）时的光合速率更高，光合电子传递限制所对应的光强区域较宽，这些都是阳地植物的光合特征；而拟南芥的呼吸速率较低，在较低光强时的光合速率较高，光合速率达到饱和时的光强较低，这都是阴地植物的光合特征。图中虚线代表了不考虑光抑制时的光合速率,而实际情况下,由于强光会对阴地植物的光系统产生破坏性影响,从而导致强光时阴地植物的光合速率下降。另外,如图 4-24 中的右图所示,同一种植物在不同的生境,特别是不同光强下生长时,其光合—光响应曲线也会有差异。在低光强下生长的阳地植物会有与阴地植物类似的光合—光响应特征,这反映了植物对不同生境产生的适应。

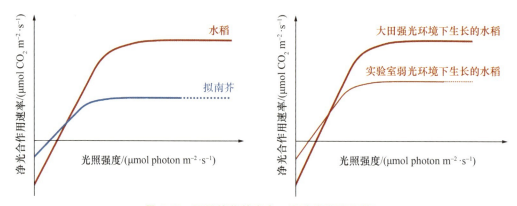

图 4-24　不同植物的光合—光响应曲线比较

2. 从光合—CO_2 响应曲线解析 CO_2 对于光合作用的影响

当其他环境条件一致,使用饱和或近似饱和光强照射叶片,测定同一叶片在不同 CO_2 浓度下的光合作用速率,并把测定结果在坐标轴中用线连接起来,就得到了光合—CO_2 响应曲线。通常光合—CO_2 响应曲线(A-C_i 曲线)中的 CO_2 浓度是指叶片可以实际利用的 CO_2 浓度,即叶片内部的 CO_2 浓度(或胞间 CO_2 浓度)。曲线与横轴的交点处,净光合速率为 0。需要注意的是此时的 CO_2 浓度点并不是 CO_2 补偿点,所谓的补偿浓度指的是环境中 CO_2 浓度,而不是叶内 CO_2 浓度。在曲线与横轴交点左侧的部分,净光合速率为负值,当 CO_2 浓度为 0 时,曲线与纵轴相交,净光合速率的值最小。由于 CO_2 浓度为 0 时,Rubisco 酶无法进行羧化反应,但依然可以进行氧化反应,即光呼吸,因此得到的最大净光合速率的负值是包含了光呼吸速率和(暗)呼吸速率在内的总呼吸速率。在曲线与横轴交点右侧的部分,净光合速率为正值,光合—CO_2 响应曲线也呈现快速增长和缓慢增长两个阶段。在快速增长阶段,光合速率与叶内 CO_2 浓度呈显著线性相关关系,表示在此区域内,叶内 CO_2 浓度是光合作用最大的限制因素。

如图 4-25 所示,在光强充足的情况下,ATP 和 NADPH 充足,但是由于叶内 CO_2 浓度不足,限制了 CO_2 的同化速率。随着叶内 CO_2 浓度的逐渐增加,曲线出现拐点,随后进入缓慢增长阶段,直到光合速率不再随叶内 CO_2 浓度的增加而增加,即达到了饱和。此时由于光强和叶内 CO_2 浓度都充足,所达到的光合速率即为叶片的最大光合速率。

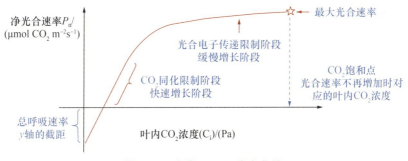

图 4-25　光合—CO_2 响应曲线

C_4 植物中 PEPC 酶与 CO_2 具有高亲和性,可以有效地捕获 CO_2 再释放到 Rubisco 酶附近进行碳固定,因此 C_4 植物在较低的 CO_2 环境里仍然可以进行光合作用。相比于 C_3 植物,C_4 植物在叶内 CO_2 浓度趋于 0 的情况下,净光合速率依然为正值;而 C_3 植物只有在叶内 CO_2 浓度达到一定水平时,净光合速率才为正值。另外从理论上讲,由于每固定 1 分子 CO_2,C_4 植物比 C_3 植物要多消耗 2 分子 ATP,因此在叶内 CO_2 浓度充足的情况下,C_4 植物受到的光合电子传递限制要高于 C_3 植物,所以会出现某些 C_3 植物的最大光合速率高于 C_4 植物的情况(图 4-26)。

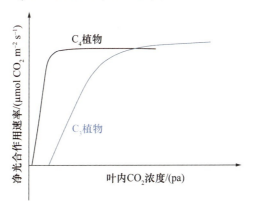

图 4-26　C_3 与 C_4 植物的光合—CO_2 响应曲线比较

（二）温度对于光合作用的影响

与上述两种环境因素对于光合速率的影响不同，光合—温度响应曲线是一个先增加后减小的钟形曲线（图 4-27）。由于酶促反应依赖于温度的变化，且存在最适温度，所以叶片的光合速率也存在最适温度范围，即在图 4-27 中钟形曲线的峰值附近。一般来说，C_4 植物的最适温度高于 C_3 植物。温度对于光合作用的影响非常复杂，除了影响酶促反应外，Rubisco 酶与 CO_2 的亲和性、叶绿体内无机磷酸的浓度等都与温度相关，从而影响光合速率。同一种植物生长在不同的温度环境下，也会对温度产生适应，进而改变最适温度范围。

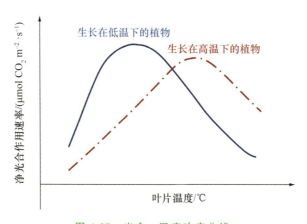

图 4-27　光合—温度响应曲线

（三）其他环境因素对光合作用的影响

除了光强对于光合速率的影响以外，光质、光周期也会影响光合速率。由于叶绿素吸收红光的效率更高，因此在光强相等时，红光下叶片的光合速率更高。光周期的长短会影响植物的生物钟，进而调控光合蛋白在不同时间的表达量。另外，光与 CO_2 浓度除了直接影响光合电子传递和碳同化以外，还可以通过影响气孔运动，改变叶内 CO_2 含量，从而影响光合速率。

水分和养分条件也会对光合速率产生影响。土壤缺水或者空气干燥时，植物为了保水而关闭气孔，导致光合底物不足，光合速率下降。缺少必要的养分会导致光合色素和蛋白的合成量下降，从而影响光合速率。

八、光合作用的调控

在分子水平上,通过转录调控、蛋白活性调控等手段改变光合蛋白的表达水平与活性,从而改变光合速率,以及植物光合作用对环境的响应。由于叶绿体是半自主细胞器,光合作用中的一些关键蛋白,比如 Rubisco 酶大亚基、D1 蛋白等都是由叶绿体的基因进行编码的。叶绿体中的基因表达与真核生物细胞核中的基因表达有很大差异,目前还没有很好的手段直接调控叶绿体基因的表达。替代的方法有在细胞核中表达叶绿体中的基因,然后利用转运肽将初步翻译后的多肽链运入叶绿体,在叶绿体内再加工成具有功能的蛋白质等。

在细胞水平上,可以通过调控叶绿体运动、气孔性状、胞质环流速度等手段影响光合速率。叶绿体可以在强光下发生回避运动以避免光损伤,在弱光下发生聚集运动以提高光合能力,通过调控叶绿体的运动,可以在一定的光强下增加叶片的光合速率。气孔性状包括气孔密度、大小、运动等也与光合速率关系密切。一方面,合理地调控气孔性状,增加光下的气孔导度,可以显著提升叶片的光合速率;另一方面,减少水分胁迫时的气孔导度,有利于增强植物的耐旱性,提升植物存活率,从长期来看也有利于提升植物光合水平。胞质环流速度影响胞内物质的转运以及碳同化物的运输,在一定程度下加速胞质环流速度,有利于提升叶片的光合速率。

在叶片、植株水平上,可以通过改变叶片结构、叶片大小与厚度、叶片的受光角度、叶片的空间位置等调控光合作用。叶片的结构主要包括叶片内部栅栏组织与海绵组织的排布、维管束的分布、叶表被毛等结构,这些都会对光合作用产生影响。对于植株整体而言,利用有限的资源通过合理调控叶片大小、厚度、受光角度、空间位置等可以实现光合最适化。

在冠层、群落水平上,除了合理利用水分和养分,合理利用光能对提升光合速率也非常重要。通过调控植株间的密度、不同植物在空间上的分布等手段,有效改善冠层或群落内部的光环境,可以实现植物群落光合能力的提升。

第四节 植物的呼吸作用

光合作用是将无机碳同化成碳水化合物的过程,而这些碳水化合物只有一小部分可以直接被植物体所利用,大部分需要经过异化作用释放能量被植物体利用。这种对于碳水化合物进行异化作用的过程,即从有机碳生成无机碳的过程,就是呼吸作用或者称为呼吸代谢。相比于光合作用只能在植物特定的组织(含有叶绿体的组织)中进行,呼吸作用可在任何活的细胞中进行。由于呼吸作用还可以产生大量重要的中间产物,因此是所有细胞维持活性的必要过程。本节将从定义、过程、环境响应等方面详细介绍植物的呼吸作用。

一、呼吸作用的定义

呼吸作用是生物体在细胞内将糖类氧化分解并产生能量的生化过程。植物呼吸作用的总过程可以用以下公式表示:

$$C_{12}H_{22}O_{11} + 12O_2 \longrightarrow 12CO_2 + 11H_2O$$

即蔗糖分子在有氧条件下被分解成 CO_2 并释放出大量能量的过程。一般来说,1 mol 蔗糖分子(5760 kJ)完全分解可产生 60 mol ATP(1 ATP ≈ 50 kJ/mol),也就是经过呼吸作用,大约有 52% 的能量储存在高能化合物(ATP)中,而其余的能量以热能形式散失。产热和产能是呼吸作用两个最主要的功能,除此以外,呼吸作用还产生还原力[通常是 NAD(P)H 形式]和前体分子,这些对于维持植物体的必要生理生化过程至关重要。从蔗糖到 CO_2 并释放大量能量需要经历:① 糖酵解途径和戊糖磷酸途径;② 三羧酸循环;③ 电子传递与氧化磷酸化。下面将分别介绍这三个子过程。

二、糖酵解途径和戊糖磷酸途径

糖酵解,即由蔗糖分解产生有机酸(主要是丙酮酸和苹果酸)并产生少量还原剂(NADH)和 ATP 的过程,是蔗糖代谢的首要步骤,主要发生在细胞质中(图 4-28)。

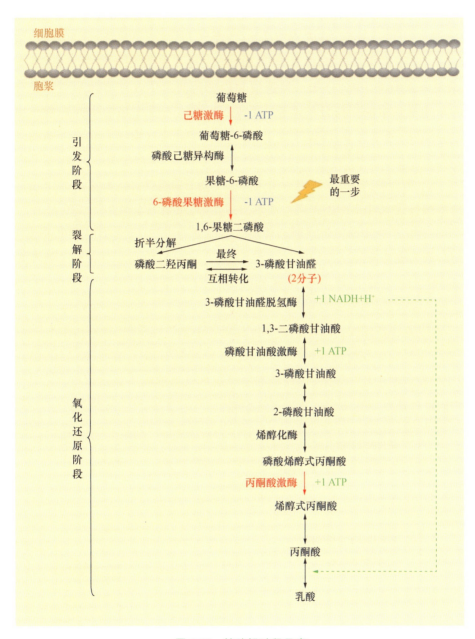

图 4-28 糖酵解过程示意

首先，蔗糖在酶的催化作用下，分解并形成各种形式的己糖磷酸。之后，这些己糖磷酸再进一步被磷酸化，形成果糖-1,6-二磷酸，进而经裂解后产生丙糖磷酸。丙糖磷酸进一步转化成丙酮酸以及苹果酸，并在这一过程中产生少量的还原剂和ATP。在这一过程中，中间产物己糖磷酸和丙糖磷酸除了在细胞质中由蔗糖分解产生，也可以由质体中的淀粉分解产生，或来自叶绿体光合作用的中间产物。由于质体是植物体特有的细胞器，所以来源于质体的过程也是植物细胞有别于动物细胞特有的过程。

将一分子葡萄糖转变为两分子丙酮酸；每一分子葡萄糖可生成8个ATP分子。无氧时，丙酮酸接受NADH的电子而生成乳酸或乙醇，结果只生成2个ATP分子。

除了上述从己糖磷酸降解成丙糖磷酸的过程以外，还有一个生成戊糖磷酸中间产物的过程，称为戊糖磷酸途径。该途径可以分为：氧化脱羧和非氧化分子重排两个阶段（图4-29）。这一途径在生成丙糖磷酸的过程中还产生少量的还原剂NADPH和CO_2。

由于这一途径所需要的酶在细胞质中和质体中都存在，所以这一途径在细胞质和质体中都可以进行。戊糖磷酸途径是糖酵解过程的重要补充，有10%~25%的丙糖磷酸来源于戊糖磷酸途径。另外，戊糖磷酸途径还可以为细胞质和质体提供必要的还原力，其中间产物还可以作为合成核酸等的原料。

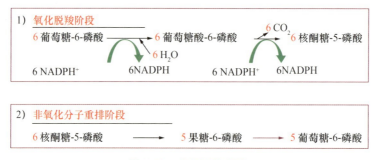

图4-29　戊糖磷酸途径

三、三羧酸循环

糖酵解过程最终生成的有机酸——丙酮酸和苹果酸，被运输到线粒体基质中，进行进一步代谢反应。在有氧条件下,丙酮酸通过氧化脱羧,生成乙酰辅酶 A(乙酰 CoA),然后进入三羧酸循环被彻底分解产生 CO_2。

三羧酸循环又称为柠檬酸循环,或克雷布斯(Krebs)循环,是由英国生物化学家克雷布斯(Hans A. Krebs)通过计算发现的。三羧酸循环的整个过程如图 4-30 所示,乙酰 CoA 首先与草酰乙酸结合,生成重要的中间产物柠檬酸,然后再经过一系列脱羧反应,生成大量 CO_2 和还原剂 NADH 与 $FADH_2$,合成一定量的 ATP(在动物细胞中合成的是 GTP),最终重新生成草酰乙酸。

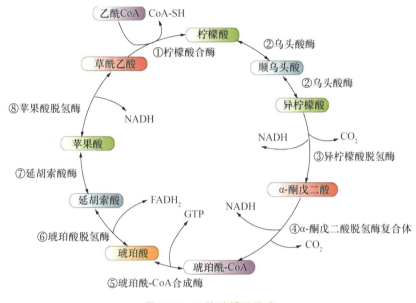

图 4-30 三羧酸循环示意

由于乙酰 CoA 不仅是碳水化合物代谢的中间产物,也是油脂和某些氨基酸的代谢产物,因此三羧循环也是糖类、脂肪、氨基酸彻底分解的共同途径(图 4-31)。另外,乙酰 CoA 还是多种物质合成的原料,三羧酸循环的中间产物 α-酮戊二酸和草酰乙酸也是氮同化的重要底物,琥珀酰 CoA 是叶绿素的重要底物,三羧酸是脂肪酸的合成物质(图 4-32)。因此三羧酸循环可以被认为是将各种有机物的代谢与合成联系起来的过程,是物质代谢的枢纽过程。

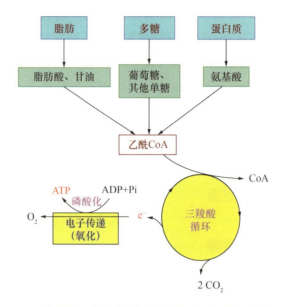

图 4-31 三羧酸循环是糖类、脂肪、氨基酸彻底分解的共同途径

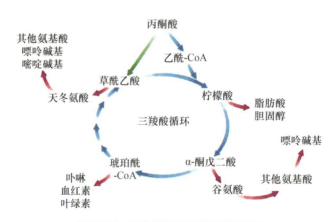

图 4-32 三羧酸循环中间物的去向

四、电子传递与氧化磷酸化

三羧酸循环所产生的还原性物质 NADH 与 $FADH_2$ 需要转化成 ATP 才可以被细胞所利用。这一转化过程发生在线粒体内膜上,由多种蛋白质复合体组成的电子传递链

以及 ATP 合酶共同完成。

在线粒体中的电子传递链又称为呼吸链，类似于光合电子传递链，也是一个电荷分离的过程。质子（H^+）在此过程中被送到膜间隙，形成跨膜电势，通过 ATP 合酶生成 ATP；电子（e^-）被送到基质中，与 O_2 结合生成 H_2O。不同点是光合电子传递链是以 H_2O 为电子供体生成 O_2 和还原剂，而呼吸链是以还原剂为电子供体，O_2 为电子受体生成 H_2O。

呼吸链主要由 4 个大的蛋白质复合体、交替氧化酶以及 ATP 合酶构成。按照电子传递的途径可以分成细胞色素途径和交替途径。其中，细胞色素途径是电子传递的主要途径，由复合体Ⅰ（NADH 脱氢酶）、复合体Ⅱ（琥珀酸脱氢酶）、复合体Ⅲ（细胞色素 bc_1 复合体）、复合体Ⅳ（细胞色素 c 氧化酶），以及泛醌（UQ）构成（图 4-33）。泛醌的结构和功能类似于叶绿体类囊体膜上的质体醌，可以自由地在线粒体内膜中移动。复合体Ⅰ和Ⅱ将电子传递给泛醌，之后泛醌将电子传递给复合体Ⅲ，最终传递给复合体Ⅳ，使电子与 O_2 结合生成 H_2O。在这一过程中，复合体Ⅰ、Ⅲ、Ⅳ都会向膜间隙内释放 H^+。除细胞色素途径外，大多数植物还有另外一条电子传递途径，即交替途径。在这一途径中，泛醌将电子传递给交替氧化酶，再传递给 O_2。相比细胞色素途径，交替途径对氰化物不敏感，因此也被称为抗氰呼吸。另外，交替途径仅生成少量的 ATP，而大量的能量以热能的形式释放出去。还有研究指出相比于细胞色素途径，交替途径对于 ^{18}O 的歧视性更强。由于交替途径可以释放出大量热量，因此对于植物的开花、授粉、种子萌发都具有非常重要的生理意义，例如天南星科海芋属（*Alocasia*）植物开花时，佛焰花序产生的大量热就来自交替途径。另外，在光合产物过剩积累的叶片中，以及植物受到强光、低温、缺氮等胁迫下，交替途径还可以通过协调 ATP 和 NADH 的平衡，消除过剩的还原剂，确保叶片不会处于过度还原的状态。

无论哪种途径释放的 H^+ 都会通过跨膜运输驱动 ATP 合酶将 ADP 生成 ATP。这种由电子传递到氧，释放能量并催化 ATP 生成的过程称为氧化磷酸化（图 4-33）。光合磷酸化产生的 ATP 基本上仅能够维持后续的碳同化过程，而氧化磷酸化产生的 ATP 可以提供给细胞用作所有生命活动。

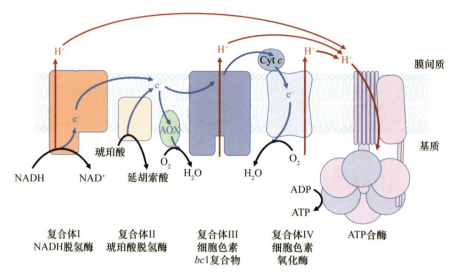

图 4-33 氧化磷酸化

五、影响呼吸作用的外界因素

温度是影响呼吸速率的重要环境因素。类似于光合作用,呼吸作用也有最适温度,即在该温度下,植物的呼吸速率最高。一般情况下,温带植物呼吸作用的最适温度为 25~30 ℃。一般在 0~35 ℃ 生理温度范围内,呼吸速率与温度呈正相关,其关系可以用温度系数 Q_{10} 表示。Q_{10} 是指温度每升高 10 ℃,呼吸速率增加的倍数。大多数植物的 Q_{10} 为 2.0~2.5。温度对于呼吸作用的影响可以被应用在果实与蔬菜的储藏中。通常,较低的储藏温度可以通过降低果实和蔬菜的呼吸速率来延长储藏时间。但是对于有些果实或蔬菜来说,低温可能会引起淀粉降解生成糖进而导致变质,例如,马铃薯的最佳储藏温度仅为 7~9 ℃,低于该温度时,块茎里的淀粉就会发生降解。

虽然 O_2 是进行呼吸作用的必要底物,但细胞色素 c 氧化酶催化的反应中,O_2 的 K_m 值还不足 1 μmol/L,远远低于常温常压下水中溶解氧的含量(265 μmol/L)。因此,只有当大气中的 O_2 含量下降到 5% 时(正常大气中的 O_2 含量为 21%),植物体的呼吸作用才会受到抑制。虽然正常状态下,水中的溶解氧含量充足,但是由于 O_2 在水中的扩散速度非常慢,因此长期生活在水中的植物器官(比如水稻的根)会形成特殊的通气组织，促进 O_2 的扩散。在内陆或滨海沼泽生长的植物，比如红树，可以通过将呼吸根露出水面的方式，使 O_2 通过呼吸根扩散进入根部。

与 O_2 的情况相反，CO_2 的含量增加反而会抑制呼吸作用，这主要是由于产物抑制作用引起的。这一理论同样可以被用于果实与蔬菜的储藏，例如将果实储藏于含有 2%~3% 的 O_2 和 3%~5% CO_2 的低温环境下，既可以有效地降低果实的呼吸速率，同时也可以防止发酵代谢。

光照也可以抑制呼吸作用，这主要是光照条件下丙酮酸脱氢酶的活性降低所致。由于光照条件下植物叶片还可以进行光呼吸，因此在日间，NADH 主要由光呼吸提供，而叶片细胞质中的 ATP 还是主要来源于线粒体的呼吸作用。

物理性伤害可以促进呼吸作用，其主要原因一方面是促进线粒体呼吸产生能量，另一方面还可以促进非线粒体呼吸（如过氧化物酶等细胞质中存在的其他氧化酶，可以利用 O_2，但不产生 CO_2 和 ATP），产生必要的保护性物质。

第五章
植物的生长发育和生活史

第一节 植物的生长发育

一、营养器官的生长发育

（一）茎的生长发育

1. 芽的起源和发生

芽起源于叶原基的叶腋处，由芽原基逐步发育而成，芽原基的发生一般晚于其外面的叶原基。芽产生时，在叶腋的表皮下的一些细胞进行平周分裂和垂周分裂形成突起，其细胞排列与茎尖的生长锥类似，并且随着发育在其上也开始产生叶原基，在叶原基的叶腋形成芽原基。

茎上的叶和芽起源于分生组织表面的第一、二层或第三层细胞，这种起源方式称为**外起源**。

不定芽的发生与顶端分生组织无关，可从靠近表皮的外部细胞产生，也可从内部的组织细胞发生，如可由插条或伤口附近的愈伤组织、形成层或维管柱的外围发生，也可在根、茎、下胚轴或叶片发生。通常将由深入内部组织中产生的起源方式称为**内起源**。不定芽的起源可能是内起源，也可能是外起源。

2. 茎的初生生长

茎尖顶端分生组织细胞分裂所衍生的细胞，分化形成各种成熟组织的过程称为茎的初生生长。茎尖是初生生长的发源处，其先端圆锥形部分为分生区，内部包括原分生组织性质的原套、原体及其衍生出的周缘分生组织和髓分生组织。它们向基分裂分化出初生分生组织：原表皮、原形成层和基本分生组织。

原表皮为包于外方的一层排列较整齐的细胞；原形成层的细胞较长，组成束状，或各原形成层侧向扩展而相连成筒状，分布于基本分生组织中。分生区之后，细胞分裂活动减弱，紧随细胞的长大，开始初生组织的分化，随着细胞的增大、伸长，以及初生组织的陆续分化，在离茎的先端不远处，各种初生成熟组织基本分化完成，形成初生结构。

茎的初生维管系统是由原形成层发育而来的维管束共同组成的。维管束呈环状排列于皮层的内侧，由初生韧皮部、初生木质部和形成层组成。

初生韧皮部的发育顺序是由外向内逐渐进行的，先形成外方的原生韧皮部，后形成内方的后生韧皮部，这种发育方式称为外始式；初生木质部的发育顺序是由内方开始渐次向外方进行的，先形成内侧的原生木质部，然后进行离心发育，逐渐分化形成外侧的后生木质部，这种发育方式称为内始式。

（1）原生木质部和后生木质部

原生木质部是初生木质部中最早形成的部分，一般只有环纹和螺纹加厚的管状分子以及包围它们的薄壁组织。原生木质部是在活跃伸长的组织中成熟的，其中无生命的管状分子随着发育往往被拉伸而毁坏。后生木质部一般是在植物伸长生长时开始发生的，其成熟则是在伸长完成以后，因此比原生木质部受周围组织伸长生长的影响小。后生木质部的组成比原生木质部复杂，除了管状分子和薄壁组织外还有纤维。后生木质部的管状分子侧壁可以有环纹、螺纹、梯纹以及孔纹等加厚方式，其薄壁组织可以散布在管状分子之间，也可以呈射线状排列。

（2）原生韧皮部和后生韧皮部

原生韧皮部也是在植物体伸展生长时成熟的，其筛管分子狭细，成熟后没有细胞核，具有胼胝质的筛域。它们单个或成群地分散在薄壁组织细胞中，周围有或无伴胞分布。原生韧皮部较为柔嫩，在生长过程中，原生韧皮部筛管分子被挤拉，很快失去其功能，最后完全被压挤毁坏。后生韧皮部也是在植物伸长生长时开始发生的，在伸长完成以后成熟。后生韧皮部的筛管分子细胞壁较厚，并且筛管分子旁边有一个或几个伴胞，后生韧皮部组成细胞种类较多，韧皮薄壁细胞散生在韧皮部中，常含淀粉、单宁、晶体等贮藏物质，初生韧皮部的最外侧常具有成束分布增加其支持能力的纤维，称为韧皮纤维。

3. 茎的次生生长

（1）形成层的发生

次生结构主要由维管形成层活动产生。在次生生长时，初生木质部与初生韧皮部之间保留的一层具分裂能力的细胞发育为束中形成层，束中形成层通常分裂较早，它构成了维管形成层的主要部分。后来，与束中形成层相接的髓射线中的一层细胞恢复分裂能力，发育为维管形成层的束间形成层。束中形成层和束间形成层相互衔接后，形成完整的形成层环（图5-1左图，图5-2）。

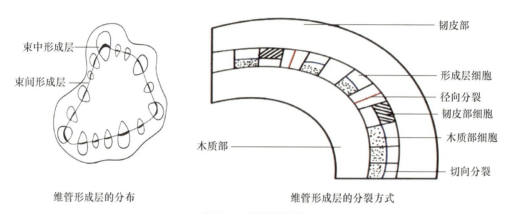

图 5-1　维管形成层

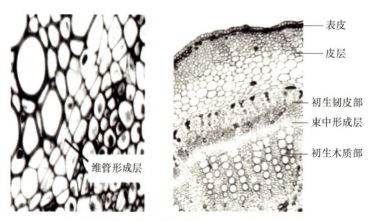

图 5-2　双子叶植物茎次生结构的发生和发育

（2）维管形成层的活动

维管形成层细胞包括纺锤状原始细胞和射线原始细胞两类细胞。纺锤状原始细胞的长度是宽度的几十倍,是一种两端尖锐,在横切面上呈扁平形,切向面比径向面宽的细胞。纺锤状原始细胞的细胞核多为椭圆形或肾形,细胞内具有明显的液泡,细胞的径向壁较厚,壁上具初生纹孔场;射线原始细胞近乎等径,具有一般的薄壁组织细胞的特征,分布于纺锤状原始细胞之间。

维管形成层分裂活动时,纺锤状原始细胞进行平周分裂形成两个子细胞,其中一个子细胞维持纺锤状原始细胞的形态和功能,另一个分化为次生维管组织母细胞(图5-1右图)。向外的次生维管组织母细胞分化为次生韧皮部母细胞,逐渐形成次生韧皮部,向内的次生维管组织母细胞分化为次生木质部母细胞,进而形成次生木质部,共同构成了轴向的次生维管组织系统。纺锤状原始细胞也可进行垂周分裂,增加自身细胞的数目以及衍生出新的射线原始细胞,从而使形成层环的周径扩大。射线原始细胞平周分裂形成径向排列的次生薄壁组织系统——次生维管射线。其中,位于次生木质部中的维管射线称为木射线,位于次生韧皮部的维管射线称为韧皮射线,它们共同构成茎内横向运输系统。

纺锤状原始细胞根据其在弦切面上的排列方式,可分为叠生的和非叠生的两类(图5-3)。叠生形成层的原始细胞排列成同一水平行列,即一排细胞的末端几乎在同一水平上,如洋槐。非叠生形成层的原始细胞不排列在同一水平系列上,细胞的末端高低不一,相互交错,如杜仲。叠生和非叠生形成层将来分别形成叠生的和非叠生的木材。

维管形成层向内和向外分裂出次生木质部母细胞和次生韧皮部母细胞的速率不一样。向内分化出的次生木质部母细胞,一般要经过多次分裂以后,才形成各种木质部分子。而向外分化出的每个次生韧皮部母细胞则只分裂1~2次,就形成了韧皮部的组成分子。因而次生木质部的层数往往多于次生韧皮部。随着次生木质部的较快增加,形成层的位置也逐渐向外推移。

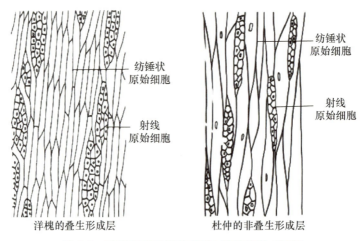

图 5-3 维管形成层的弦切面(仿赵桂仿,改绘)

4. 单子叶植物茎的加粗生长

单子叶植物的维管束中没有形成层,因此多数单子叶植物的茎秆很少增粗或者并不增粗。但也有些单子叶植物的茎[如玉米、甘蔗(*Saccharum officinarum*)、香蕉(*Musa nana*)、棕榈(*Trachycarpus fortunei*)等]可以增粗,不过,与双子叶植物的增粗方式不同,单子叶植物的增粗一般为初生加厚生长和异常次生生长。

(1)初生加厚生长

初生加厚生长是初生增厚分生组织活动的结果。初生增厚分生组织位于茎节上叶原基和幼叶着生区域内方,呈套筒状,由几层与表面平行的长方形细胞组成。其分裂活动衍生许多薄壁组织及贯穿其中的原形成层束,原形成层束进一步分化为维管束,使茎有限地加粗。初生加厚生长一般增粗较少,如玉米茎的增粗。

(2)异常次生生长

单子叶植物一般缺少次生结构,但少数热带或亚热带的单子叶植物,如龙血树(*Dracaena* spp.)、朱蕉(*Cordyline fruticosa*)、丝兰(*Yucca smalliana*)、芦荟等的茎中,有次生生长和次生结构出现,它们的维管形成层的发生和活动与双子叶植物不同,一般是在初生维管组织的外侧产生形成层,形成新的维管组织(次生维管束),且不同植物有不同的排列方式。现以龙血树为例,加以说明。

龙血树茎产生次生结构时,初生维管束外面的一些薄壁组织细胞进行平周分裂,向外产生少量薄壁组织细胞,向内产生一圈基本组织。随后,这一圈基本组织中的一部分直径较小且成束出现的长形细胞进一步分裂,形成次生维管束。次生维管束也是散生的,但在结构上不同于初生维管束:初生维管束为外韧维管束,木质部输导组织由导管组成;而次生维管束为周木维管束,木质部输导组织由管胞组成,并包于韧皮部的外周(图 5-4)。

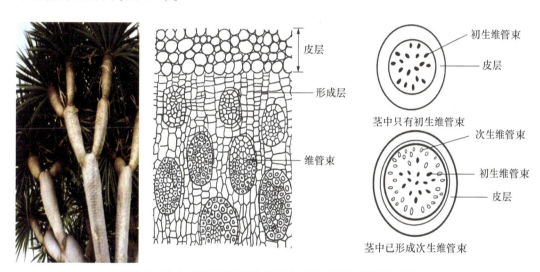

图 5-4　龙血树及茎的横切,示次生结构(引自马炜梁,改绘)

(二)叶的生长发育

1. 叶的发生

叶由茎端生长锥的叶原基发育而来,一般叶原基在芽中已经开始发育。叶原基发生于茎尖生长锥的侧面,由表面的几层细胞分裂形成最初的突起,随后突起变大,成为叶原基。

叶原基形成后,首先进行顶端生长,迅速伸长,形成圆柱状的叶轴。叶轴是尚未分化的叶柄和叶片。在叶轴伸长的同时,叶轴两侧的细胞开始分裂,进行边缘生长,使叶轴变宽,形成具有背腹性的、扁平的叶片或叶片的雏形。随后,叶轴基部没有进行边缘生长的细胞开始发育,分化出叶柄,当幼叶叶片展开时叶柄才迅速伸长。

具有托叶的植物,叶原基上部形成叶轴,而叶原基基部的细胞分裂较上部快且发育早,分化成托叶包围着上部叶轴,起保护作用。

在边缘生长时期,叶轴两侧的边缘分生组织表层细胞进行垂周分裂产生原表皮,将来发育为叶的表皮;边缘分生组织表层下细胞进行垂周分裂和平周分裂,形成了基本分生组织和原形成层,前者将来发育为叶肉组织,后者形成叶脉维管束。叶脉维管束的发育始于叶的基部,随着叶原基的伸长,原形成层的分化逐渐向顶端进行,随着边缘生长和居间生长,一级侧脉从中脉向边缘逐渐分化产生,随后在其上分化出次级侧脉,次级侧脉也是不断向顶端、向边缘分化。

当叶片各部分形成之后,细胞仍继续分裂和长大(居间生长),直到叶片成熟(图 5-5)。

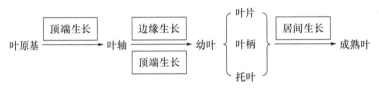

图 5-5 叶的发生和生长示意

2. 叶的生长

多数植物叶的生长期有限,在短期内达到一定大小后,生长就停止。有些植物在基部保留有居间分生组织,可以有较长的生长时期。如禾本科植物的叶鞘能够随着节间的生长而伸长;葱、韭菜的叶割去上部叶片,叶仍继续生长。但这些部分也不是始终保持生长能力,经过一定时期后,居间生长也会停止。

3. 叶的运动

(1) 感性运动

① 感夜性:一些植物[如大豆、花生、含羞草(*Mimosa pudica*)]的叶子或小叶,白天张开,晚上合拢或下垂,称为感夜性。某些植物的花[如烟草、紫茉莉(*Mirabilis jalapa*)、夜来香(*Telosma cordata*)]晚上开放、白天关闭,也属于感夜性。

② 感震性:一些植物(如含羞草)的小叶,在遭受震动时,小叶成对合拢,叶柄下垂,称为感震性。含羞草叶片的感震性与叶枕有关,叶枕是叶柄上的一个膨大的结构,

其内含有贮水细胞。含羞草小叶叶枕的上半部细胞的间隙大,细胞壁薄;下半部细胞的间隙小,细胞壁厚。而复叶叶枕的解剖结构正好与小叶叶枕的相反(图5-6)。在遭受震动时,细胞壁薄且间隙大的小叶叶枕上半部细胞和复叶叶枕下半部细胞会收缩,导致小叶合拢,叶柄下垂。

叶片的感震运动　　　　　　复叶叶枕的形状

图 5-6　含羞草的感震运动

(2)近似昼夜节奏——生理钟

植物叶片的很多周期性生理活动是由环境因素的周期性变化引起的,但也有一些生理活动是由植物体内部的测时系统控制的,不取决于环境条件的变化,如菜豆叶片的昼夜运动。

菜豆叶片在白天呈水平方向伸展,而在夜间呈下垂状态,即使在外界连续光照或连续黑暗以及恒温条件下仍能在较长的时间中保持原来的周期性变化(图5-7)。菜豆的昼夜运动,是一种内源性节奏现象。由于这种生命活动的内源性节奏的周期接近24小时,因此称为生理钟或生物钟。

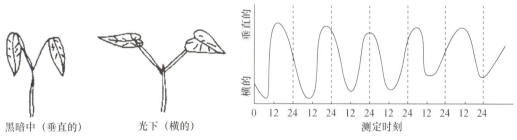

图 5-7　菜豆叶在恒定条件(微弱光,20℃)下的运动

高点代表下垂的叶片,低点代表横展的叶片

4. 落叶

植物的叶片具有一定的寿命,一年生和多年生草本植物的叶片随植物的死亡而死亡。落叶木本植物在寒冷或干旱季节到来时,叶片会枯萎脱落;常绿木本植物的叶寿命较长,且不同植物差异较大,如女贞叶1~3年,冷杉叶3~10年,但最终也会落叶。落叶是植物减少蒸腾度过寒冷或干旱季节的一种适应。

叶片即将脱落时,叶柄基部有一层薄壁细胞进行分裂,形成几层较小且排列整齐的薄壁细胞,该结构称为离层。随后,这几层离层细胞的细胞壁胞间层黏液化并分解,使叶柄自离层处容易折断。

离层形成后,叶受重力或外力作用时,叶便从离层处脱落。随后,在离层的下方发育出木栓细胞,逐渐覆盖整个断痕,并与茎部的木栓层相连。通常将离层处由木栓细胞所形成的覆盖层称为保护层(图5-8)。

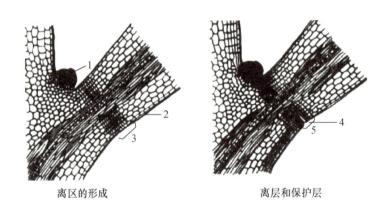

离区的形成　　　　　　离层和保护层

1. 腋芽;2. 叶柄;3. 离区;4. 保护层;5. 离层

图 5-8　离区的离层和保护层结构示意(仿陆时万等)

(三)根的生长发育

1. 根的初生生长

根尖的成熟区已分化形成各种成熟组织,这些成熟组织是由顶端分生组织经过细胞分裂、生长和分化形成的,这种生长过程称为根的初生生长,在初生生长过程中形成的各种成熟组织组成的结构称为初生结构。根的初生结构由外向内依次包括表皮、皮层和维管柱。

（1）表皮

表皮由原表皮发育而来。有些植物的表皮随着根的发育会枯死脱落，而由紧靠表皮的外皮层细胞代替表皮起保护作用。

（2）皮层

皮层由基本分生组织分化而来。大多数双子叶植物的内皮层常常停留在凯氏带阶段；而单子叶植物和少数双子叶植物内皮层细胞进一步发育成五面加厚的细胞，只有少数正对原生木质部的内皮层细胞仍保持初期发育阶段的结构，成为控制物质转移的通道细胞。

（3）维管柱

维管柱由原形成层发育而来。根的初生木质部发育方式为外始式，即最先形成的原生木质部紧接中柱鞘内侧的辐射角端，由口径较小的环纹导管或螺纹导管和薄壁细胞组成；后期形成的后生木质部处于靠近轴心的部位，由管腔较大的梯纹、网纹或孔纹导管和薄壁细胞组成。这种结构和发育方式在生理上有其适应意义：早期形成的导管接近中柱鞘和内皮层，可缩短水分横向输导的距离，并且环纹导管和螺纹导管在根伸长时产生，可以随根的生长而拉伸以适应生长的需要；后期形成的导管，管径大，提高了输导效果，更能适应植株长大时对水分供应量增加的需要。根的初生韧皮部发育方式也是外始式，即原生韧皮部在外方，后生韧皮部在内方。前者常缺伴胞，后者主要由筛管和伴胞组成。

2. 侧根的形成

侧根是主根生长达到一定长度，在一定部位侧向地从内部生出的许多支根。被子植物的侧根起源于中柱鞘，是由中柱鞘分裂形成的，属于内起源。而茎的分枝多为外起源，是由茎顶端分生组织表面第一层或下面1~2层细胞分裂形成的。当侧根形成时，中柱鞘部位的一些细胞又重新具有分裂能力，首先进行平周分裂使细胞层数增加，产生向外的突起。随后进行平周分裂和垂周分裂，使突起逐渐增大，形成侧根原基。以后侧根原基进行分裂、生长，逐渐分化出生长点和根冠。生长点细胞继续分裂、增大和分化,并以根冠为先导向前推进(图 5-9)。有些植物的内皮层也可以不同程度地参与侧根的形成。

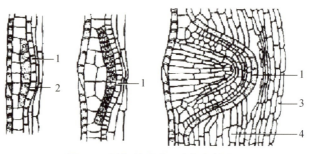

图 5-9　侧根的发生(引自赵桂仿)
1. 内皮层;2. 中柱鞘;3. 表皮;4. 皮层

侧根原基一般在伸长区形成,但真正突破表皮伸入土中,则常在根毛区后部。侧根生长锥不断进行分裂,生长伸长,并且新形成侧根的根冠可分泌物质,溶解皮层和表皮细胞,这样侧根便突破外围的内皮层、皮层和表皮,露出母根以外,伸展到土壤中。由于侧根起源于中柱鞘,因而发生部位接近维管组织,当侧根维管组织分化后,就会很快地和母根的维管组织连接起来。

侧根产生的位置有一定的规律。一般二原型根中,侧根在木质部和韧皮部之间形成;三原型或四原型根中,侧根在对着木质部的位置形成;多原型根中,侧根在对着韧皮部的位置形成(图 5-10)。

图 5-10　侧根发生的位置(引自马炜梁)

3. 不定根的形成

不定根是由茎、叶、老根或胚轴上生出的根。不定根可在中柱鞘、维管组织及其附近的薄壁细胞处发生,为内起源;也可在表皮及其内几层细胞发生,为外起源。

4. 根的次生生长

多数一年生的双子叶植物和大多数单子叶植物的根,完成初生生长后,不再产生次生结构,根的外形也不再加粗。而裸子植物和大多数双子叶植物的根,在完成初生生长后,会产生次生分生组织,通过次生分生组织的分裂活动,使根不断增粗,这种过程称为次生生长。由它们产生的次生维管组织和周皮共同组成的结构,称为次生结构(图 5-11)。

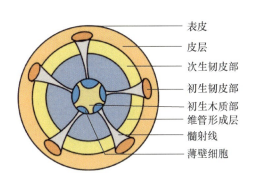

图 5-11 根的次生结构示意

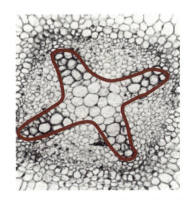

图 5-12 大豆初生根,示维管形成层的产生

(1) 维管形成层的产生

维管形成层首先由初生结构中木质部与韧皮部之间的薄壁细胞经过恢复分裂而形成。因此,最初的维管形成层呈条状,其条数与根的类型有关,几元型根即为几条。随后维管形成层逐渐扩展到左右两侧,并且外移到中柱鞘,这时中柱鞘的一部分细胞也恢复分裂能力,结果在木质部与韧皮部之间形成一个波浪式的形成层环(图 5-12)。

形成层刚形成时,各部分的分裂不等,位于韧皮部内侧的形成层细胞形成早且分裂快,所产生的次生组织数量较多,把凹陷处的形成层环向外推移,结果逐渐形成圆形的形成层环,以后形成层基本进行等速分裂。

由维管形成层细胞进行切向分裂产生的新细胞,一部分向内形成次生木质部,另一部分向外形成次生韧皮部。

（2）木栓形成层的产生

随着维管形成层的活动，中柱鞘或皮层的一部分细胞恢复分裂能力，形成木栓形成层，木栓形成层向外产生木栓层，向内产生栓内层，共同组成周皮。木栓形成层每年重新发生，其发生位置逐年内移，最后由韧皮薄壁细胞或韧皮射线细胞产生。

（四）营养器官在植物生长过程中的相互影响

1. 地上部分与地下部分的相互关系

植物的地上部分和地下部分可相互影响，并可通过各自合成一些特殊代谢产物和微量活性物质来相互调控。两者之间存在相互依存、相互制约的辩证关系。

一般情况下，种子萌发时，总是根先长出，在根生长到一定程度时，胚轴和胚芽出土，形成地上枝系。这说明地下根系的发展为地上枝系的生长奠定了基础。同样，在植物整个生长期间，只有根系健全，才能保证水分、无机盐、氨基酸和生长素等对地上枝系的充分供应；只有地上枝叶充分发育，才能为根的健全发展提供光合同化物、维生素和生长激素等。

2. 顶芽与侧芽的相互关系

一株植物上的芽，并不能全部正常发育，除了顶芽和离顶芽较近的少数腋芽外，大多数腋芽处于休眠状态。一般来说，植物的顶芽生长对侧芽生长具有抑制作用，这种作用称为顶端优势，它是通过生长素的浓度来调控的。植物体中所有细嫩的部分（如幼叶、根、发育中的种子等）都具有生长素的合成能力，生长素主要通过韧皮部运输。

不同植物顶端优势的强弱有很大的差异，如禾本科植物中，玉米的顶端优势比较强，侧芽很难生长，植株一般不分枝。而水稻、小麦在分蘖期时，顶端优势比较弱，可以发生多次分蘖。

二、繁殖器官的生长发育

（一）花的发育

1. 花芽分化

花芽分化是指植物茎生长点由分化出叶片、腋芽转变为分化出花序或花的过程。

花芽分化是由营养生长向生殖生长转变的生理和形态标志。

花芽分化时,芽的顶端生长锥表面积明显增大。有的植物,如桃、棉、小麦等的生长锥开始伸长,呈圆锥形;也有的植物,如胡萝卜等伞形科植物的生长锥不伸长,而是变宽呈扁平头状。随后,随着花部原基(萼片原基、花瓣原基、雄蕊原基和心皮原基)或花序各部分的依次发生,生长锥的面积又逐渐减小,当花中心的心皮和胚珠形成之后,顶端分生组织则完全消失。

一般是花序主轴最先分化。同一花序轴上,各个花原基的分化顺序因花序种类而异;无限花序的花原基按向顶次序分化,有限花序的花原基按离顶次序分化。先分化的花原基先开花,易于发育、结实;后分化的花原基后开花,常退化、脱落。花原基上各轮花器的分化顺序,一般为向心分化,即从花托的外周开始,先分化花萼,然后逐渐向心分化花瓣、雄蕊、雌蕊。

有些植物的花原基不分化雄蕊或雌蕊,有的虽在花原基分化初期分化雄蕊和雌蕊,而后期其中之一退化,这些花最终都成为单性花。

2. 雄蕊的发育

花芽分化使雄蕊原基突起,顶端膨大成为花药,基部伸长成为花丝。花丝发育到一定阶段就不再伸长,开花时,花丝以居间生长伸长。

雄蕊起始于花芽中的雄蕊原基,雄蕊原基的顶端为花药发育的区域。幼小的花药是由一群具有分裂能力的细胞组成的。花药发育初期,结构简单,外层为一层原表皮,内侧为一群基本分生组织。随着花药的生长,花药四个角隅处分裂较快,花药呈四棱形。以后在四棱处的原表皮下面,出现一些细胞核较大、细胞质浓厚的细胞,称为孢原细胞。随后孢原细胞进行平周分裂,形成里面的造孢细胞和外面的周缘细胞。周缘细胞将来形成花药壁,造孢细胞将来产生花粉粒,而花药中部的细胞逐渐分裂,分化形成维管束和薄壁细胞,构成药隔(图 5-13)。

周缘细胞形成后,经过几次分裂成为 3~5 层细胞,然后分别分化并与外边表皮层共同组成花药的壁。花药壁的最外层为表皮层;紧贴表皮的一层为药室内壁(也称纤维层),这层细胞的细胞壁不均匀加厚,在花粉囊成熟后,有助于花粉囊的开裂;在药室内壁以内通常有 1~3 层小细胞即为中层;花药壁的最内层是绒毡层,这层细胞一般比较大,细胞质浓厚,液泡较小,具有供应花粉粒发育时所需养料的作用。

在花粉母细胞时期,花药壁的四层细胞均已发育(图5-14)。随后,在花药发育过程中,中层细胞往往被挤压破坏,绒毡层细胞也会随着花粉粒形成解体消失。因此在花粉粒成熟时,花药壁只剩有表皮及纤维层。

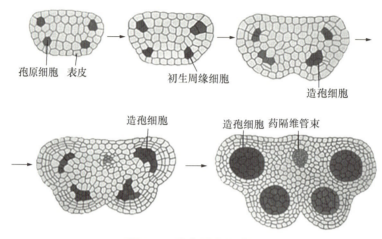

图 5-13　花药的发育过程

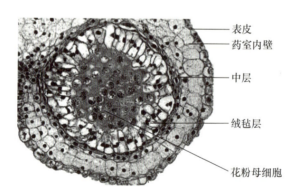

图 5-14　花粉母细胞时期的花药壁

在周缘细胞分裂分化的同时,造孢细胞也进一步分裂分化,形成许多花粉母细胞,每个花粉母细胞进行一次减数分裂,形成4个小孢子(花粉粒)。小孢子经过1~2次有丝分裂,形成成熟的花粉粒(图5-15)。成熟的花粉粒也称为雄配子体,此时的花粉粒包括营养细胞和生殖细胞。少数植物的花粉粒在传粉前生殖细胞进行分裂形成两个精子,因此释放的花粉粒中含有3个细胞。

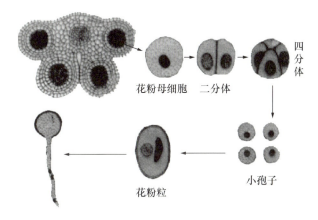

图 5-15 花粉粒的形成过程

成熟的花粉有两层壁,内层壁较薄,主要由果胶质和纤维素组成,称为内壁。外层壁较厚,硬而缺乏弹性,含有脂类和色素,常呈现黄、橙色,称为外壁。花粉的外壁有各种形态,有的光滑,有的具有各种各样的花纹。花粉的大小一般为 15~50 μm,其大小、形状及外壁上的萌发孔和纹饰的形态常是科、属甚至是种的特征,因此花粉的形态对鉴定古代植物(化石)和现代植物具有重要意义。

各种植物的花粉生活力差异很大,生活力长的如向日葵可达一年,短的如玉米仅有 1~2 天。一般木本植物花粉的生活力大于草本植物花粉,二细胞型花粉的生活力要大于三细胞型花粉的生活力。花粉粒的生活力既决定于植物的遗传性,又受环境条件的影响。大多数植物的花粉从花药中散出后只能存活几小时、几天或几个星期。

花粉有些部位没有外壁,此区域称为萌发孔。当花粉萌发时,花粉管由这里长出。

3. 胚珠的发育和胚囊的形成

胚珠是由子房壁内表皮下的一层细胞经过分裂形成的,这些细胞进行平周分裂形成外面的珠被和里面的珠心。

胚珠发育初期的珠心细胞大小一致,后来珠心中央一个细胞体积增大,称为大孢子母细胞。大孢子母细胞进行减数分裂形成 4 个大孢子,由大孢子进一步发育为胚囊。在被子植物中,大约有 70% 以上的科的胚囊属于蓼型胚囊发育类型,即距珠孔端近的3个大孢子退化,远离珠孔端的一个大孢子发育成为具功能大孢子。具功能大孢子经3次有丝分裂形成两端各具4个核的结构,后来每端各有一个核移向中央,融合成中央细胞,成为具7个细胞(8个核)的成熟胚囊(图5-16)。

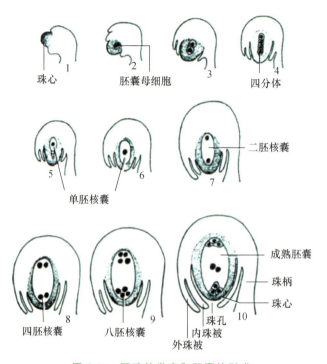

图 5-16　胚珠的发育和胚囊的形成

4. 开花、传粉与受精

（1）开花

当雄蕊中的花粉和雌蕊中的胚囊达到成熟,或是二者之一已经成熟,这时由花被紧紧包裹的花张开,露出雌、雄蕊,为下一步的传粉做准备,这一现象称为开花。有些植物的花,不待花苞张开,就已经完成传粉作用,称为闭花传粉。

开花的习性随植物种类而异,不同植物的开花年龄、开花季节和花期长短很不一致。一年生植物,生长几个月后就开花,一生中只开花一次;多年生植物生长到一定年限才开花,一旦开花后,每年到时开花,直到枯亡为止;少数多年生植物一生只开一次花。

各种植物的开花年龄往往有很大差异,有 3~5 年的,如桃属;10~12 年的,如桦属(*Betula*);20~25 年的,如椴属(*Tilia*)。竹子虽是多年生植物,但一生往往只开花一次,开花后即枯死。

一般来说,植物多后叶开花,但也有先叶开花的,如蜡梅(*Chimonanthus praecox*)、玉兰等。有的植物在冬天开花;也有在晚上开花的,如晚香玉(*Polianthes tuberosa*)。

植物花期的长短因种而异。有的仅几天,如桃、杏等;也有持续一两个月或更长的,如蜡梅。有的一次盛开以后全部凋落,有的持久地陆续开放,如棉、番茄等。热带植物中有些种类几乎终年开花,如可可(*Theobroma cacao*)、桉树(*Eucalyptus robusta*)、柠檬等。

(2) 传粉

雄蕊成熟时,花粉囊内花粉粒发育完成,花药以各种方式裂开,将花粉放出,通过风媒或虫媒,到达雌蕊的柱头。花粉以不同方式传送到雌蕊的柱头上面称为传粉。传粉有自花传粉和异花传粉两种。

① 自花传粉:雄蕊的花粉落到同一朵花中雌蕊的柱头上。如小麦、大豆等植物的传粉。有些自花传粉的植物,在花未开时就进行受精,这种现象称为闭花受精,如豌豆、花生。闭花受精多是花粉在花粉囊内萌发,花粉管穿透花粉囊壁,向柱头生长,完成受精。

② 异花传粉:一朵花的花粉传送到另一朵花的柱头上,包括同株异花传粉和异株异花传粉。多数被子植物进行异花传粉,自花传粉只是少数植物。许多植物为了保证异花传粉,演化出一些适应特征。有的植物雌雄蕊分熟;有的植物雌雄蕊异常;有的植物具有自交不亲和的特点,花粉在自身柱头上不能萌发或不能到达子房。

(3) 受精

柱头表面常扩展,生有乳头突起或绒毛,并能分泌黏液,利于花粉黏附。此外柱头也分泌维生素和糖类物质,供应并促进花粉萌发。花粉萌发形成的花粉管,穿过花柱进入胚囊,释放精子,完成受精作用。

花粉萌发产生的花粉管,多从柱头毛基部的细胞间隙进入,并向花柱中生长。在空心花柱内,花粉管沿花柱道内表面在其分泌液中生长;在实心花柱内,花粉管常在引导组织或中央薄壁组织的细胞间隙中生长,少数植物(如棉)的花粉管也可从引导组织的细胞壁中富含果胶质的层面通过。花粉管生长过程中除了耗用花粉粒中的贮藏物质外,还可从花柱组织吸收营养物质,供花粉管的生长和新壁的合成。随着花粉管向前伸长,花粉粒中的内容物几乎全部集中于花粉管的顶端。

花粉管进入胚珠受精的方式有3种:珠孔受精、合点受精和中部受精。

花粉落在柱头上后,成熟的柱头往往分泌黏液,促使花粉萌发。一般一粒花粉只长出一根花粉管,但有些植物可长出多根花粉管(如葫芦科、桔梗科),但最后只有一根到达子房。

在被子植物中花粉管进入胚囊后将两个精子都释放出来。这两个精子通过一个助细胞的丝状器进入。随后一个精子游向卵核,与之结合成为合子,进而发育成胚;另一个精子游向中央细胞并与之结合,将来发育为胚乳(图5-17)。这种现象称为双受精,是被子植物特有的。

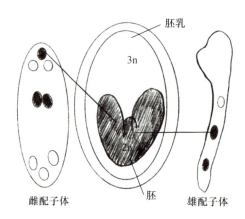

图 5-17 被子植物的双受精

(二) 果实的形成

卵细胞受精后,花的各部分发生显著变化,花萼、花冠一般枯萎,雄蕊及雌蕊的花柱和柱头也都萎谢,仅子房或子房以外的部分逐渐长大,发育成果实。种子、果实的各部分结构与花结构的对应关系如下:

(1) 花冠、雄蕊、花柱、柱头→凋谢。

(2) 子房→果实:其中,子房壁→果皮。

(3) 胚珠→种子:其中,

珠被→种皮(外珠被→外种皮)(内珠被→内种皮);

珠孔→种孔;

珠柄脱落→种脐;

受精卵→胚(胚芽、胚轴、子叶、胚根);

受精极核→胚乳。

一般只有受精的子房才能形成果实。有些植物不经过受精,子房也能发育成果实,这种现象叫单性结实。单性结实形成的果实,里面不含种子,称为无籽果实,如葡萄、柑橘、香蕉、南瓜、黄瓜等。单性结实有两种情况:一种是子房不经过传粉或任何其他刺激,便可形成无籽果实,称为营养单性结实,如柑橘、柠檬的某些品种;另一种是子房必须经过一定的刺激才能形成无籽果实,称为刺激单性结实,如用马铃薯的花粉刺激番茄花的柱头,或用某些苹果品种的花粉刺激梨花的柱头,都可以得到无籽果实。

单性结实在一定程度上与子房所含的植物生长激素的浓度有关,所以,农业上应用植物生长激素以导致单性结实。例如,用吲哚乙酸和 2,4-D 等的水溶液,喷洒番茄、西瓜、辣椒等临近开花的花蕾,或用萘乙酸喷洒葡萄花序,都能得到无籽果实。

(三) 种子的形成

受精时,一个精子和卵细胞结合,形成合子,经过多次分裂形成胚。另一个精子和中央细胞结合,将来形成胚乳(主要提供胚发育时的养料)。在胚和胚乳的发育过程中,胚珠也逐渐长大,珠被形成种皮,具有保护作用。

1. 胚的发育

(1) 双子叶植物胚的发育过程(以荠菜为例)

荠菜受精卵经过一段时间的休眠后,先延伸成很长的管状体,然后进行不均等横裂,形成 2 个大小不相等的细胞,靠近胚囊中央的一个较小,称为顶细胞(胚细胞);近珠孔处的一个较大,称为基细胞(柄细胞)。

基细胞经过多次横裂,形成 6~10 个单列细胞组成的胚柄。胚柄的主要作用是固定胚和把胚推向中央,有利于胚在发育过程中吸收周围的养料。由于胚柄细胞间有胞间连丝相通,细胞壁有内突生长,因而胚柄还有吸收营养物质供胚生长发育的作用。等到胚发育完成后,胚柄就逐渐退化消失。

顶细胞经过两次连续的、互相垂直的纵裂,形成四分体。四分体的每个细胞各进行一次横裂,形成八分体。八分体的各细胞先进行一次平周分裂,接着进行各个方向的分裂,使胚体长大形成球形原胚、心形原胚。

心形原胚的两侧生长较快,并逐渐发育成两片形状、大小相似的子叶,在两片子叶间凹陷的基部分化出胚芽。最顶端的一个胚柄细胞和与之相接的球形胚基部细胞,也不断分裂、分化,形成胚根,而胚柄的其余细胞退化消失。在此过程中胚根与子叶之间的部分分化为胚轴。随后,子叶继续长大,使子叶和胚轴延长并弯曲、对折,呈马蹄形(图 5-18)。

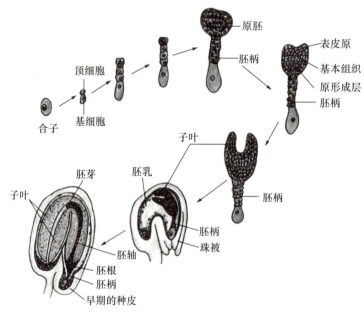

图 5-18 双子叶植物胚的发育

(2) 单子叶植物胚的发育过程(以小麦为例)

在胚发育的初期,双子叶植物和单子叶植物基本相同,在胚分化过程中逐渐表现出差异。其主要的差别是单子叶植物胚的子叶原基不均等发育,在成熟胚中形成一个明显的单子叶。

小麦受精卵的第一次分裂是倾斜的横分裂,形成一个顶细胞和一个基细胞。随后,这两个细胞各自再斜向分裂一次,形成 4 个细胞的原胚。原胚不断向各个方向分裂,使胚体积增大,形成梨形胚。此后,梨形胚的中上部的一侧出现一个凹沟,使原胚的两侧呈不对称状,在形态上可分为三个区:凹沟的上部分是顶端区,将来形成盾片的主要部分和胚芽鞘的大部分;凹沟处是器官形成区,即胚的中部,将形成胚芽鞘的其余部分和胚芽、胚轴、胚根、根冠、胚根鞘和外胚叶;凹沟的下面是胚柄细胞区,主要形成盾片的下部和胚柄(图5-19)。

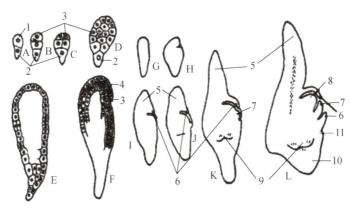

1. 胚细胞,2. 胚柄细胞,3. 胚,4. 子叶发育早期,5. 子叶(盾片),6. 胚芽鞘,7. 第一片营养叶,8. 胚芽生长锥,9. 胚根,10. 胚根鞘,11. 外胚叶

图 5-19　单子叶植物胚的发育(仿马炜梁)

A～F. 小麦胚初期发育时的纵切面,示发育的各个时期;G～L. 小麦胚发育过程图解

(3) 无融合生殖与多胚现象

① 无融合生殖。被子植物的胚一般都是从受精卵发育而来的,即为有性生殖的产物。但也有些植物,可以不经过雌雄性细胞的融合(受精)而产生有胚的种子,这种现象称为无融合生殖。无融合生殖分为单倍体无融合生殖和二倍体无融合生殖两大类。

❖ 单倍体无融合生殖:无融合生殖产生的胚,只含有单倍体染色体组,其后代常常是不育的,分两种类型。一种是单倍体孤雌生殖,即胚囊中的卵细胞不经过受精,发育成为一个单倍体的胚。如玉米、小麦、烟草等有这种生殖现象。另一种是单倍体无配子生殖,即胚囊中的助细胞或反足细胞不经过受精而发育成单倍体的胚。水稻、玉米、棉花、烟草、黑麦(*Secale cereale*)、辣椒和亚麻(*Linum usitatissimum*)等植物中有这种现象。

❖ 二倍体无融合生殖：胚囊由未进行减数分裂的孢原细胞、胚囊母细胞或珠心组织中某些二倍体细胞形成，因此，胚囊中的核都含有二倍体数的染色体组。在这种胚囊中，胚可由未受精的卵细胞形成，如蒲公英；也可起源于胚珠的体细胞（通常为珠心细胞），如葱。这种方式形成的胚仍为二倍体，其后代是可育的。

② 多胚现象。一粒种子（胚珠）中产生2个或2个以上胚的现象称为多胚现象。多胚现象产生的原因较多，以不定胚产生多胚现象最为常见。另外，在裸子植物中普遍存在裂生多胚现象，即一个受精卵分裂成2个或多个独立的胚。

不定胚通常指由珠心或珠被的细胞直接发育形成胚。这些珠心或珠被细胞往往具有浓厚的细胞质，能够快速分裂形成数群细胞，入侵胚囊后与受精卵所产生的胚同时发育，形成一个或数个同样具有子叶、胚芽、胚轴和胚根的胚。这种现象在柑橘类中普遍存在。

另外，有些植物胚珠中有2个以上的胚囊，发育形成多胚现象，如桃等；有些植物胚囊中卵细胞以外的细胞（常为助细胞）也能发育为胚（受精或不受精）。

2. 胚乳发育

极核受精后，核立即分裂，多数植物的细胞质此时并没有分裂，形成含有多数游离核的结构。起初细胞核沿胚囊的边缘分布，随着核的分裂，这些核也逐渐分布到胚囊的中部，后来各核之间产生细胞壁，形成细胞，即胚乳细胞。由胚乳细胞组成的组织称为胚乳。这种方式形成的胚乳称为核型胚乳（图5-20）。

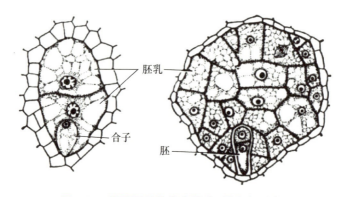

图5-20 核型胚乳的发育模式（引自胡适宜）

而多数合瓣花类植物,极核受精后的分裂伴随有细胞壁的形成,最后形成多细胞的胚乳。这种方式形成的胚乳称为细胞型胚乳(图5-21)。

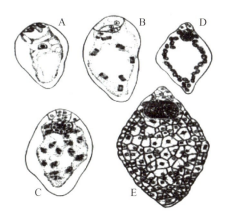

图 5-21　细胞型胚乳的发育模式(仿胡适宜,改绘)

随着胚和胚乳的发育,助细胞和反足细胞逐渐消失,胚囊外面的珠心组织也破坏消失,作为胚和胚乳发育的养料。

少数植物的珠心组织一直存在,种子成熟时成为一层类似胚乳的贮藏组织,称为外胚乳。

3. 种皮的发育

在胚和胚乳的发育过程中,珠被逐渐发育成种皮。

多数植物中,一部分珠被在发育过程中被挤毁消失,一部分最后形成种皮。少数植物中,胚珠的珠被可全部形成种皮。

有的植物具有假种皮,它是由珠柄或胎座发育成的结构,包于种皮之外,如荔枝(*Litchi chinensis*)、龙眼果实中可食用部分就是假种皮(图5-22)。

(四) 种子的休眠和萌发

1. 种子的休眠

有些植物的种子即使在良好条件下也不能立即萌发,需要隔一段时间才能发芽,种子的这一特性称作种子的休眠。种子休眠的原因为:

① 种子的种皮结构特殊,不透水和气,胚不能吸胀。如车前、豆科植物的种子。

图 5-22　荔枝的假种皮（箭头所指部分为假种皮）

② 果实或胚中有抑制萌发的物质，常见物质包括芳香油、有机酸、生物碱等。如西瓜、番茄的果实中含有萌发抑制剂；苹果种子的胚乳中含有萌发抑制剂。

③ 胚未发育完全或某些生理过程尚未完成。如银杏和人参的种子，在脱离母体时胚并未发育完全，需要经过一段时期的发育才能成熟。

2. 种子的寿命

种子的寿命是指种子的生活力在一定环境条件下保持的最长期限。

种子的寿命主要取决于植物的种类、种子在母株上的生态条件以及脱离母株后的环境条件。

① 短命种子：寿命为几小时至几周。如杨、柳、榆、栎等。柳树种子成熟后只在 12 h 内有发芽能力。杨树种子寿命一般不超过几个星期。

② 中命种子：寿命为几年至几十年。大多数栽培植物如水稻、小麦、大豆的种子寿命为 2 年；玉米为 2~3 年；蚕豆、绿豆为 5~11 年。

③ 长命种子：寿命在几十年以上。北京植物园曾对挖出的沉睡千年的莲子进行催芽萌发，结果成功开花。更新世时期埋入北极冻土带中的北极羽扇豆（*Lupinus micranthus*）种子，挖出后可在实验室里迅速萌发。

3. 种子的萌发

种子的萌发条件：合适的水分、一定的温度和充足的氧气。有的植物萌发还需要光,如烟草、莴苣的萌发需要光,此类种子称为需光种子。有的植物种子萌发需在无光条件下,如洋葱、番茄、曼陀罗(*Darura stramonium*)种子的萌发,此类种子称为嫌光种子。

种子萌发过程:

① 种子吸水膨胀,种皮变软,胚和胚乳体积增大。

② 胚乳内的贮藏物质在酶的作用下分解为可溶性物质,并释放能量,供胚生长之用。

③ 胚由胚乳供给营养物质和能量,胚芽、胚根细胞进行分裂,胚各部分细胞伸长扩大。

④ 胚根首先生长,然后胚芽生长,形成具有根、茎、叶的幼小植物。

根据胚轴伸长与否以及上胚轴或下胚轴伸长,将种子萌发分为出土萌发和留土萌发。

(1) 出土萌发

种子萌发时,子叶由于下胚轴的伸长而出土,并且出土后变绿。这时子叶不仅有贮藏养料的功能,而且可进行光合作用。这种萌发方式叫作出土萌发。如油菜、瓜类、大豆、番茄等植物种子的萌发(图5-23)。

(2) 留土萌发

种子萌发时,胚轴不伸长或仅上胚轴伸长,胚芽伸出土面,但子叶留在土中。子叶只有贮藏养料的作用,当幼苗形成后子叶就在土中腐烂。这类萌发方式叫作留土萌发。如小麦、水稻、玉米、蚕豆、豌豆等植物种子的萌发(图5-24)。

图 5-23　大豆种子的出土萌发

图 5-24　玉米种子的留土萌发

第二节 植物的繁殖

植物生长发育到一定阶段,通过一定的方式产生新的个体来延续后代,这就是植物的繁殖。植物的繁殖通常可以分为两种类型:营养繁殖和有性生殖。

一、营养繁殖

营养繁殖是植物营养体的一部分从母体分离开,形成一个独立生活的新个体的繁殖方法,通常有**自然营养繁殖**和**人工繁殖**两类。

(一) 自然营养繁殖

植物的自然营养繁殖多借助植物的变态器官来进行。

① 块根:如番薯(图 5-25)、大丽菊(*Dahlia pinnata*)。

② 块茎:如马铃薯(图 5-26)。

③ 鳞茎:如洋葱、百合、水仙。

④ 球茎:如荸荠、慈姑、芋。

⑤ 根状茎:如竹、莲、姜和常见的杂草如白茅、小蓟。

⑥ 匍匐茎:如草莓、狗牙根。它们的茎节通过与土壤接触后生出不定根,随后形成芽,长成新的植株。

此外,洋槐、毛白杨等木本植物的根上也常生出许多不定芽,这些不定芽可以长成幼枝进行繁殖。

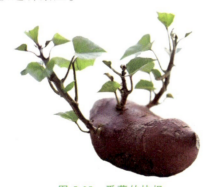
图 5-25 番薯的块根

图 5-26 马铃薯的块茎

（二）人工繁殖

人工繁殖主要包括**扦插、压条、嫁接、分离、组织培养**等方法。

1. 扦插

扦插是园艺上常用的最重要的营养繁殖手段之一。割取植物营养器官的一部分，如根、茎、叶等，在适宜条件下插入基质中，利用其分生机能或再生能力，使其生根发芽，成为新的植株。根据扦插所用器官的不同可分为枝插、叶插（图 5-27）、叶芽插和根插四大类。

扦插时期因植物种类、特性和气候而异。草本植物适应性较强，扦插时间要求不严，除严寒酷暑外，均可进行。木本植物一般以休眠期为宜；常绿植物则适宜在温度较高、湿度较大的夏季扦插。

（1）枝插

枝插时首先产生不定根，它多由生活的薄壁组织发生，其来源有两种：

① 预成根：茎上预先自然发育成的根，不过在扦插前一直没有长出来，呈休眠状态潜伏在树皮内，所以也叫潜伏根，如杨属、茉莉花属（*Jasminum*）等。

② 创伤根：扦插后作为插条的创伤反应形成的不定根。插条时，外部创伤细胞死亡，形成坏死层，封住创伤面，几天后保护层下面的生活细胞开始分裂，形成一层薄壁组织细胞，随后，维管形成层和韧皮部附近的一些细胞开始分裂形成不定根，进一步发育穿过外面的组织露出表面，即成为幼根。

（2）叶插

叶插的分生组织的来源有两种：

① 初生预成分生组织：从未停止过分生组织活动的胚性细胞遗留下来的细胞群。如落地生根的叶中，由叶缘的凹陷处长出幼小植株。

② 创伤分生组织：已经分化为成熟组织但还没有越过分化临界期的细胞，在创伤的刺激下经脱分化重新恢复分生组织活动。如毛叶秋海棠（*Begonia villifolia*）、景天属（*Sedum*）、非洲紫苣苔（*Saintpaulia ionantha*）等的叶插。

（3）根插

再生植株发育时，先形成不定芽，然后产生根，此根常常不是由母根本身产生，而是在新萌条的基部形成的，如蔷薇、苹果、梨、无花果等。

扦插中的极性：茎和根固有的极性在扦插中非常明显，一般插条时近根端向地，近茎端负向地，如果相反则产生不定根、不定芽的时间延长，对于有些极性较强的植物，可出现上部长根，下面长芽的现象。如果所用茎端或根端处于幼年期，则容易生成根。

图 5-27　叶插

2. 压条

压条指从需压条的植物体上，选取靠近地面的枝条，使其下弯，靠近地面，上面盖土，只留枝条的末端露出土面，产生不定根及芽后，从母体上分离。如葡萄、悬钩子（*Rubus* spp.）、连翘（*Forsythia suspensa*）、茶等（图 5-28）。

对难弯曲的植物种类可采取空中压条方法。在选定的枝上适当的部位剥去一圈树皮，用瓦罐、塑料袋等套在切割部位，内装泥土。切割处长出新根后，即可将枝条从割皮下方截断，移栽土中。如玉兰、桂花、荔枝等（图 5-28）。

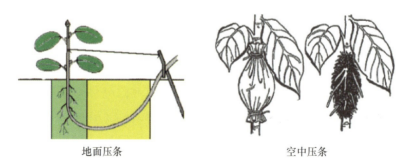

地面压条　　　　　　　　空中压条

图 5-28　压条

3. 嫁接

嫁接指将一株植物上的枝条或芽体,移接到另一株带根的植株上,使二者彼此愈合,生长在一起。提供根系的部分称为砧木,嫁接在砧木上的称为接穗(图5-29)。

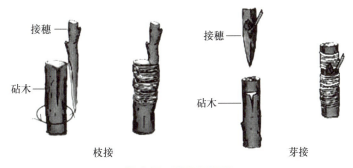

图 5-29　植物的嫁接

嫁接的发生机理为:接穗与砧木的接触面上首先形成隔离层,它是由嫁接面上因切割受伤致死的细胞挤压而成的。嫁接后 2~3 天,隔离层两侧受伤且不能恢复的细胞继续参与隔离层的形成,使隔离层增厚。随后在嫁接面的两侧发生愈伤组织(成年植株的愈伤组织发生要晚些,由于极性和光合作用能力的差异,接穗产生的愈伤组织较砧木形成的愈伤组织多)。愈伤组织大量发生的生长压力导致隔离层出现缺口,最终嫁接面两侧的愈伤组织直接接触,形成愈伤组织桥,随后接穗与砧木间的维管组织发育与贯通。

维管组织的早期发生通常有两条途径:一是嫁接面附近的薄壁组织细胞直接发育;二是经愈伤组织发育而成。贯穿接穗与砧木的维管组织桥形成后,嫁接体开始正常的次生生长。

嫁接的方法有枝接、芽接、靠接三种。

(1) 枝接法

最常用的是劈接、切接。切接:将砧木横切,选皮厚纹理顺的部位垂直劈下,深 3 cm 左右,取长 5~6 cm 带 2~3 个芽的接穗削成两个切面,插入砧木劈口,使接穗和砧木的形成层对准,扎紧后埋土。

(2) 芽接法

芽接是在接穗上削取一个芽片,嫁接于砧木上,成活后由接芽萌发形成植株。应用最广的是芽片接。在选取的砧木上切一个丁字形口,深度以切穿皮层,不伤或微伤木质部为宜;在接穗枝条上削取盾形稍带木质部的芽,插入切口内,使芽片和砧木内皮层紧贴,用麻皮或薄膜绑扎。

(3)靠接法

将两株准备相靠接的枝条,相对一面各削去形状大小一致的树皮一片,然后相互贴紧,用塑料布条绑扎结实即成。成活后,将接穗从母株上截下。

4. 分离

将植物的营养器官分离培育成独立新个体的繁殖方法。

此法简便,成活率高。分离时期因植物种类和气候而异,一般在秋末或早春植株休眠期内进行。根据采用母株的部位不同,可分为分球(如番红花)、分块(如山药等)、分根[如丹参(*Salvia miltiorrhiza*)、紫菀(*Aster tataricus*)等]、分株[如沿阶草(*Ophiopogon bodinieri*)等]。

5. 组织培养

植物细胞都具有潜在的细胞全能性。细胞全能性就是植物体中任何一个生活的细胞(严格说是没有超过分化临界期的细胞)都可以在一定条件下发育成一个完整的植株体或任何组织和器官,也就是说它们具有发育成一个完整植株或任何组织和器官的潜能。

对于分化到一定阶段的细胞来说,这通常包括脱分化和再分化两个相反的过程,由较分化的细胞转变成较不分化的细胞的过程称为脱分化;由已脱分化的细胞重新分化到某一阶段细胞的过程称为再分化。1958年美国植物学家Steward用液体悬浮培养法从胡萝卜韧皮部细胞培养出了胚状体,并进一步发育成了完整的植株。

组织和细胞培养中形态建成的式样包括愈伤组织途径和胚状体途径。

(1)愈伤组织途径

愈伤组织是指一群近乎等径的薄壁组织细胞组成的不规则的细胞团。这是细胞和组织培养中最常见的一种发育途径。人工培养下的细胞或组织经过脱分化过程进行细胞分裂而不断增殖,从而形成无定形的细胞群。由植物的根、茎、叶、花、胚、胚乳、子房,甚至花粉粒衍生的细胞都可愈伤组织化。一般来说,当将愈伤组织转移到分化培养基上以后,就开始分化。

（2）胚状体途径

组织培养中先形成胚状体,进而发育成小植株。在组织培养中,胚状体往往由单个细胞或愈伤组织表面的一个细胞发生。一般来说,细胞悬浮培养时游离的细胞发生胚状体的频率最高。

二、有性生殖

在低等植物中,无性繁殖往往占据绝对优势,只有产生休眠体时才启用有性生殖。苔藓和蕨类等原始的高等植物具有从单倍体孢子直接生长出植物体的无性生殖方式,但有性生殖已占优势;在种子植物中有性生殖占据了绝对的优势,无性繁殖方式则是营养繁殖。

通常将生物体产生雌雄配子,配子融合成为合子或受精卵,合子或受精卵发育成新的个体的繁殖方式称为有性生殖。有性生殖是在真核生物发生之后的一定阶段才出现的。凡是进行有性生殖的植物,在它们的生活史中都有配子的融合过程和进行减数分裂的过程,也就是说在它们的生活史中存在着双相和单相的核相交替。

（一）有性生殖的类型

根据配子的形态、功能,有性生殖可分为三类:

（1）同配生殖:两个大小和形态相同,都具纤毛能游动,但在生理功能上已出现分化的配子融合,进而形成新个体的生殖方式,如衣藻（图5-30）。

（2）异配生殖:两个大小不同,形态相同,都具纤毛能游动的配子融合,进而形成新个体的生殖方式,如空球藻（*Eudorina* spp.）（图5-31）。

（3）卵式生殖:由体积大、含丰富营养物质、不能运动的卵细胞与体积小、含营养物质少、运动能力强的精细胞结合形成合子,由合子形成新个体的生殖方式,如团藻（*Volvox* spp.）（图5-32）。卵式生殖是分化显著的异配生殖,高等植物的有性生殖方式属于此类。

同配生殖、异配生殖只发生在藻类和菌类,而从低等的藻类、真菌到种子植物都有卵式生殖。在同型配子结合和异型配子结合的受精方式中,性细胞都具有鞭毛,融合的两种配子可在水中游动相遇并实现受精。在卵式生殖中,受精的雌配子一般是不动细胞,性器官的结构也较复杂。

从有性生殖演化的过程来看,同配生殖是最原始的,异配生殖其次,卵式生殖最为演化。

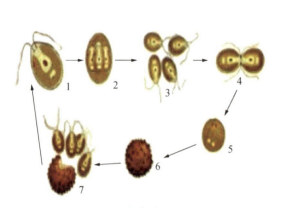

图 5-30　衣藻的同配生殖

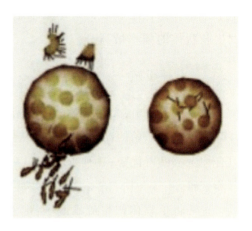

图 5-31　空球藻的异配生殖

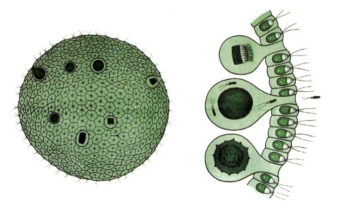

图 5-32　团藻的卵式生殖

(二)有性生殖的减数分裂时期

进行有性生殖的植物,根据其减数分裂进行的时期,可分为三类:

(1) 合子减数分裂

减数分裂在合子萌发前进行,主要存在于藻类等低等植物,如衣藻、团藻、轮藻(*Chara* spp.)等。有性生殖时,两个配子互相结合成合子,合子一萌发就进行减数分裂,形成单倍的孢子。在这类植物的生活史中,合子实际上是唯一的二倍体阶段,没有二倍体的植物体。所以,这一类植物只存在着单倍的和二倍的核相的交替,没有世代交替。

(2) 配子减数分裂

减数分裂在配子产生时进行,主要存在于管藻(Siphonales)、褐藻(Phaeophyta)、硅藻(Diatomes)等藻类植物中。动物和人类也属于这种类型。植物的营养体为二倍体,减数分裂在配子产生前进行,合子萌发后形成的植物体为二倍体。在其生活史中,配子是唯一的单倍体阶段,因而只有核相交替,没有世代交替。

(3) 居间减数分裂

减数分裂在产生孢子时进行,主要存在于高等植物和部分低等植物中。二倍体的孢子体在产生孢子时进行减数分裂,孢子萌发成为单倍体的配子体,配子体所产生的精子和卵细胞结合成二倍的合子,合子分裂后形成胚,胚发育二倍体的孢子体。所以这种类型的植物的生活史中有产生孢子的二倍体阶段,也有能产生配子的单倍体阶段,而且二者是交替出现的,因而不仅有核相交替也有世代交替。

根据减数分裂与世代交替的关系,世代交替有同型世代交替和异型世代交替两种:

(1) 同型世代交替:孢子体和配子体在形态构造上基本相同,如石莼(*Ulva lactuca*)、水云(*Ectocarpus confervoides*)。

(2) 异型世代交替:孢子体和配子体形态构造上差异较大。苔藓类植物的配子体占优势,孢子体寄生于配子体上;海带(*Laminaria japonica*)及所有维管植物孢子体占优势,配子体寄生于孢子体上。

植物通过以孢子体产生孢子型无性繁殖和以配子体产生配子型有性生殖这样两个世代的交替,一方面可借无性世代产生众多的孢子,大量繁殖后代;同时通过有性世代中两性配子的结合,丰富孢子的遗传基础,增强其变异性和适应性,从而保证植物种族的繁衍和发展。

总之,植物生活史类型的演化过程,是随着整个植物界的演化而发展的,它经历了由简单到复杂、由低级到高级的演化过程。像细菌和蓝藻等原核植物是没有世代交替,也没有核相交替的。到真核生物出现以后,才开始出现了有性生殖的核相交替,随后再出现世代交替。世代交替中,以居间减数分裂类型最为高等,其中异型世代交替中孢子体世代占的优势越大,则越演化。

(三) 高等植物的精卵融合

在苔藓和蕨类植物中,精子和卵细胞都包藏在多细胞的性器官中,受精还不能离开水的条件。

地钱(*Marchantia polymorpha*)是雌雄异体的,颈卵器与精子器分别生于叶状配子体的托上。在精子器中产生许多长形卷曲而具两根鞭毛的精子,而在颈卵器中只产生一个卵细胞。当精子器成熟时,精子释放出来,如果植物体背面有水,精子可以游至颈卵器与卵细胞实现受精。

蕨类植物的颈卵器和精子器是在同一个配子体的下表面产生的,能游动的精子经配子体表面的水层游进颈卵器内,与卵细胞结合完成受精。

大多数裸子植物仍保留颈卵器的结构,卵细胞在颈卵器内形成。裸子植物的胚珠是裸露的,经过传粉,在小孢子囊中发育的花粉粒(即前期的雄配子体),被送到胚珠的珠孔处,在雄配子体中形成两个精子。在原始的裸子植物如苏铁(*Cycas revoluta*)和银杏中,雄配子体成熟后释放的精子具有鞭毛,可以游至颈卵器与卵细胞实现受精;而松柏类等其他裸子植物的雄配子体成熟后可形成花粉管,借助花粉管,精子进入颈卵器完成受精,受精不再依赖水的条件,这是种子植物适应陆地生活的一个重要因素。

被子植物产生雌配子的雌配子体在大孢子囊即胚珠的珠心处发育,成熟的雌配子体称为胚囊,卵细胞直接在其中产生。精子完全失去鞭毛。这些特点决定了被子植物的受精必先经过传粉。在被子植物中,胚珠着生在雌蕊的子房内,花粉粒不能直达胚珠而是落在柱头上,再由萌发生长的花粉管将精子输送到胚囊附近,进入胚囊的两个精子分别与卵细胞和极核融合,这就是被子植物特有的双受精。而在裸子植物中,进入颈卵器的两个精子只有一个与卵细胞融合。

(四) 植物的性别选择

植物的性别选择主要取决于遗传因素,但也受环境条件的影响。植物的生殖机会常因小生境状况和植株大小而有很大的改变,很多植物都能依自身所处的特定环境而表现出适当的性别。一般生长在优越条件下的植株通常会选择雌性,当处于逆境时通常向雄性转化。在生产实践中,通过适当调节光照、昼夜温差和水、肥,可以人为控制花的性别。例如,施氮肥、多浇水,有利于雌花分化。

年龄较老或体积较大的植株相对来说只保留一种性功能较为有利。一般来说,较老和较大的植株执行雌性功能和雄性功能的生殖适合度都比小植株高。由于雌性和雄性在生殖时消耗的能量不同,大植株执行雌性功能比执行雄性功能的适合度更高,因此自然选择有利于将生殖推迟到年龄较老和个体较大时进行,而最初几年表现的性别往往是雄性比例较高。

(五) 植物生殖的适应和演化

从原始绿藻开始,植物逐渐从水中走向陆地,并演化出一系列适应陆生环境的特性。在营养器官方面,根、茎、叶和维管组织的分化让植物可以在陆地上正常生活;在繁殖器官方面,植物生殖方式从无性繁殖演化到有性生殖,受精作用从离不开水到摆脱水的限制,种子植物尤其是被子植物的出现保证了繁殖的稳定和效率。从低等到高等,从苔藓植物、蕨类植物、裸子植物到被子植物,植物一步步在陆地上站稳了脚跟,并通过提供氧气、食物和庇护所,推动了动物界的发展和演化,塑造了各种陆地生态系统。

虽然植物不能像动物那样迁徙,但能够依靠繁殖的方式实现物种和种群的扩散,种子的扩散能力尤其强,除了像蒲公英和椰子可以依靠空气和水流外,许多植物种子还会搭动物的便车。各种植物就这样从起源中心开始耐心而漫长地扩散,并在适宜的环境中定居下来。地理分布造成的环境差异让植物发展出相应的适应性特征,所以同一祖先的近缘植物也会在演化历程中渐渐分道扬镳,如禾本科的一支向森林环境发展形成竹类,另一支向开放环境发展形成大部分禾草。地球具有从极地到赤道的巨大纬度梯度,也有从喜马拉雅山到马里亚纳海沟的垂直海拔跨越,更有46亿年的漫长地质历史演化,因此,地球具有丰富多彩的生物生存环境,形成了现代缤纷多样的植物王国。

第三节 不同类群植物的生活史

一、低等植物的生活史

藻类植物的生殖方式多样。蓝藻和某些单细胞真核藻类,它们没有有性生殖过程,细胞不存在核相交替,亦无世代交替现象。大多数真核藻类植物进行有性生殖,会出现核相交替及世代交替现象。在藻类植物中,可以看到世代交替演化的趋势是由配子体世代占优势向孢子体世代占优势发展。

黏菌门是介于动物和真菌之间的一类生物,在它们的生活史中,一段是动物性的,另一段是植物性的,有世代交替现象。

真菌的生活史是从孢子萌发开始的,孢子在适宜的条件下萌发形成新的菌丝体,这就是生活史中的无性阶段;真菌在生长后期,开始有性生殖,从菌丝上发生配子囊,产生配子,一般先经过质配形成双核阶段,再经过核配形成双相核的合子;通常合子迅速减数分裂,回到单倍体的菌丝体时期。在真菌的生活史中,双相核的细胞是一个合子而不是一个营养体,只有核相交替,而没有世代交替现象。

二、高等植物的生活史

高等植物广泛存在世代交替现象,孢子体世代和配子体世代交替出现。但不同类群的植物,这两个世代的特点是各不相同的。

苔藓植物的配子体占优势,孢子体不发达,并且寄生在配子体上,不能独立生活(图 5-33)。

蕨类植物的孢子体远比配子体(称为原叶体)发达,其孢子体和配子体都能独立生活。

裸子植物的孢子体特别发达,都是多年生木本植物;配子体进一步简化,且完全寄生在孢子体上;在雌配子体的近珠孔端产生二至多个结构简化的颈卵器,其余部分将来发育成胚乳。

被子植物孢子体进一步发达,具有真正的花,输导系统更完善而发达;配子体进一步退化,完全寄生在孢子体上,其雄配子体是仅有 2 个或 3 个细胞组成的花粉粒;雌配子体也较裸子植物更为退化,一般是仅由 7 个细胞组成的胚囊,颈卵器已消失。

(一)苔藓植物的生活史

苔藓类植物是一种小型的绿色植物,结构简单,仅包含茎和叶两部分,有时只有扁平的叶状体,没有真正的根和维管束。苔藓植物喜欢阴暗潮湿的环境,一般生长在裸露的石壁上或潮湿的森林和沼泽地。苔藓植物具有明显的世代交替现象,其世代交替中配子体占优势(图 5-33),因此被认为是植物演化上的一个盲枝。

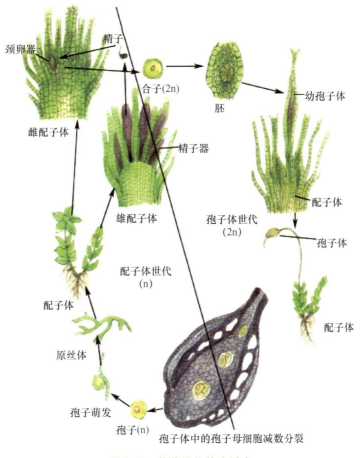

图 5-33　苔藓植物的生活史

1. 孢子体

苔藓植物的孢子体寄生在配子体上，以基足连接配子体获取营养。苔藓植物的孢子体都由孢蒴、蒴柄和基足三部分组成。苔藓植物的每个孢子体只产生一个孢蒴，而维管植物的孢子体可产生多个孢子囊。孢蒴是孢子体顶端产生孢子的膨大部分，一般呈球形、卵形或圆柱形。孢蒴由蒴盖、蒴壶和蒴台三部分组成。蒴盖由一层细胞构成，覆盖在孢蒴顶端。蒴壶为孢蒴最主要的部分，其内的孢原组织产生的孢子母细胞经减数分裂形成孢子，在壶口部有内外两层蒴齿存在。蒴台为孢蒴基部与蒴柄相连的部分,其表皮的一些薄壁细胞含有叶绿体,能进行光合作用。

孢蒴成熟时,位于蒴盖与蒴壶间由一圈厚壁细胞组成的环带自行卷落,蒴盖随之脱落,成熟孢子被蒴齿弹出或被蒴壶中螺旋加厚的弹丝通过屈伸运动弹出。孢子随风、水、动物等媒介传播到各地,再发育成原丝体,之后进一步发育成配子体。

2. 配子体

平常见到的苔藓植物的植株多是配子体,配子体雌雄异株或同株,营独立生活。成熟的配子体茎无真正维管束构造,或略有皮部和中轴的分化;配子体常具有叶状器官,但叶子只有一层或少数几层细胞,没有叶脉,缺少蜡质的角质层保护;假根多为单列细胞,着生于植物体基部或腹面,以固着功能为主,并具蓄水作用。

① 茎叶分化类型的植物体为辐射对称,直立,茎稀少分枝,或匍匐基质呈不规则分枝,或羽状分枝;叶通常为单层细胞,中央分化出由狭长多层细胞组成的单一中肋或短双中肋,或无中肋分化。几乎包括所有藓类植物及大部分苔类植物。

② 叶状体类型的植物均为背腹分化而呈左右对称,匍匐贴生基质,叉状分枝或不规则分枝,由单层或多层细胞组成,部分植物分化出气室和气孔。包括苔类的地钱目(Marchantiales)、囊果苔目(Sphaerocarpales)和角苔纲(Anthocerotae)等。

配子体生长到一定程度会发育出精子器和颈卵器。精子器为棒状或球形,可产生具双鞭毛的精子,颈卵器呈颈瓶状,内含有卵细胞。受精时精子器内的精子破壁而出,通过连续的水膜游入雌株的颈卵器中与卵细胞结合形成合子,合子进一步发育成胚,进而发育成孢子体。

由于有性生殖条件苛刻,苔藓植物往往还会通过营养生殖来繁殖,如地钱会在胞芽杯内产生胞芽。

(二)蕨类植物的生活史

蕨类植物是地球上出现最早的不产生种子的陆生维管植物,是高等植物中唯一孢子体和配子体都可以独立生活的类群。蕨类植物的孢子体远比配子体(称为原叶体)发达,有性生殖时产生多细胞的精子器和颈卵器(图5-34)。

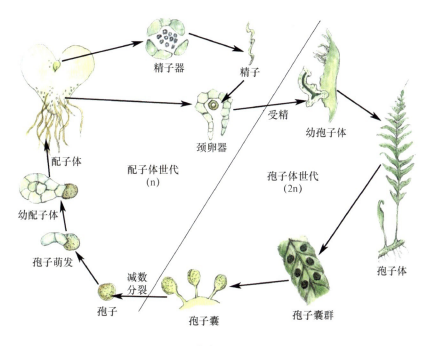

图 5-34 蕨类植物的生活史

1. 孢子体

蕨类植物的孢子体多为多年生草本,除少数原始类群仅有假根外,均有不定根。多具根状茎,少数植物具高大直立的地上茎,如苏铁蕨(*Brainea insignis*)、桫椤(*Alsophila spinulosa*)等。另外,少数原始的种类兼具根状茎与气生茎。根状茎形状多种多样,匍匐生长或横走。叶多从根状茎上长出,有簇生、近生和远生等类型,幼时大多数呈拳曲状。根据叶的起源及形态特征,可分为小型叶和大型叶两种。原始类群如松叶蕨、石松等具小型叶,没有叶隙和叶柄,只具 1 条单一不分枝的叶脉;较演化的类群如真蕨类植物具大型叶,有叶柄,有或无叶隙,叶脉多分枝。大型叶有单叶和复叶两类。

蕨类植物的维管柱(中柱)种类较多,有原生中柱、管状中柱、网状中柱和散状中柱等。其中原生中柱为原始类型,包括单中柱、星状中柱、编织中柱。管状中柱包括外韧管状中柱、双韧管状中柱。网状中柱、真中柱和散状中柱是演化的类型。蕨类植物的维管柱由木质部和韧皮部构成,木质部由管胞和薄壁组织组成,少数蕨类具导管;韧皮部由筛胞、筛管和韧皮薄壁组织组成。除极少数种类如水韭(*Isoetes japonica*)、瓶尔小草(*Ophioglossum vulgatum*)等外,一般没有形成层结构。

孢子体成熟时孢子叶上可产生孢子囊,囊内孢子母细胞减数分裂产生孢子,多数蕨类植物产生的孢子在形态大小上是相同的,称为孢子同型,少数蕨类如卷柏属和水生真蕨类的孢子大小不同,即有大孢子和小孢子的区别,称为孢子异型。

2. 配子体

蕨类植物的孢子成熟后散落在适宜的环境里萌发成绿色叶状体,即原叶体,是蕨类植物的配子体。多数蕨类植物的配子体生于潮湿的地方,具背腹性,能独立生活。大多数蕨类植物当配子体成熟时在同一配子体的腹面产生有性生殖器官,即球形的精子器和瓶状的颈卵器。精子器内生有具鞭毛的精子,颈卵器内有一个卵细胞,精卵成熟后,精子由精子器逸出,借水为媒介进入颈卵器内与卵细胞结合,受精卵发育成胚,由胚发育成孢子体,即常见的蕨类植物。

(三)裸子植物的生活史

裸子植物为多年生木本植物,大多为单轴分枝的高大乔木,少为灌木或藤本。裸子植物是一类保留着颈卵器,具有维管束,能产生种子的高等植物,雌配子体的近珠孔端产生二至多个结构简化的颈卵器,其余部分将来发育成胚乳。其配子体进一步简化,完全寄生在孢子体上。现以松属植物为例进行描述(图5-35)。

松属植物的生活史经历的时间较长,从开花到种子成熟历时约18个月,如果从形成花原基开始,则经历了26个月,即第一年7—8月形成花原基,冬季休眠;第二年3—5月开花传粉;其后,花粉粒在珠心组织中萌发成花粉管,同时,大孢子形成,发育成游离核时期的雌配子体,冬季休眠;第三年3月开始,雌配子体及花粉管继续发育,颈卵器产生,6月初受精(传粉后13个月);以后球果迅速长大,胚逐渐发育成熟,10月,球果和种子成熟。

第五章 植物的生长发育和生活史

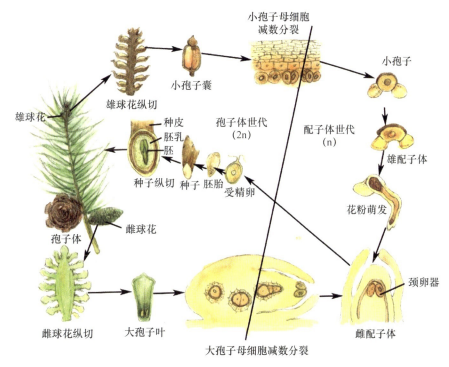

图 5-35 松属植物的生活史

1. 孢子体

松属植物为单轴分枝的常绿乔木,当孢子体生长到一定的年龄时,在孢子体上生出雄球花和雌球花。

雄球花生于当年生新长枝基部的鳞片叶腋内,每个雄球花由很多小孢子叶螺旋状排列在球花的轴上构成,每个小孢子叶的背面产生 2 个小孢子囊,其内的每个小孢子母细胞,经过减数分裂形成 4 个小孢子,小孢子有 2 层壁,外壁向两侧突出形成气囊,有利于风力传播。

雌球花单个或几个生于当年生新长枝的近顶端,每个雌球花由许多珠鳞(变态的大孢子叶)螺旋状排列在球花的轴上所构成,其远轴面基部还有一个较小的薄片,称为苞鳞。每一个珠鳞的近轴面基部着生 2 枚胚珠。胚珠仅 1 层珠被,并在胚珠的顶端形成珠孔。珠心中有一个细胞发育成大孢子母细胞,经过减数分裂形成 4 个大孢子,但通常只有远珠孔端的 1 个大孢子发育成雌配子体,其余 3 个退化。

2. 配子体

雄配子体是由小孢子经过连续 3 次不等的细胞分裂发育而成。小孢子第一次分裂产生 1 个大的胚性细胞和 1 个小的第一原叶细胞,胚性细胞再分裂产生 1 个小的第二原叶细胞和 1 个大的精子器原始细胞,后者又进行一次不等分裂,产生 1 个较小的生殖细胞和 1 个大的管细胞,2 个原叶细胞不久退化,仅留痕迹。此时,小孢子囊破裂,花粉粒即散出。

雌配子体由大孢子在珠心内发育而成。首先大孢子进行多次分裂,形成 16~32 个游离核,游离核多少均匀地分布于细胞质中。随着冬季的来临,雌配子体即进入休眠期。第二年春天,雌配子体重新活跃起来,游离核继续分裂,至几千个细胞核时,逐渐由周围向心地形成细胞壁,然后在靠近珠孔端的几个细胞明显膨大,发育为颈卵器原始细胞,各自再经过几次细胞分裂,产生颈卵器。成熟的雌配子体通常有 2~7 个颈卵器。每个颈卵器通常只有 4 个颈细胞、1 个腹沟细胞和 1 个卵细胞。

传粉时雌球花轴稍微伸长,使幼嫩的苞鳞及珠鳞略微张开。花粉粒借风力传播,飘落在胚珠的珠孔一端,粘到由珠孔溢出的传粉滴中,并随着液体的干涸而被吸入珠孔。花粉粒进入珠孔后迅速长出花粉管,雄配子体中的生殖细胞一分为二,形成 1 个柄细胞(不育细胞)和 1 个体细胞(精原细胞),当花粉管进入珠心相当距离后暂时停止生长,进入休眠。第二年春季花粉管继续伸长,此时,体细胞再分裂为 2 个大小不等的精子。当花粉管伸长至颈卵器,其先端随即破裂,2 个精子、管细胞及柄细胞一起流入卵细胞的细胞质中,其中一个大的具有功能的精子与卵核结合形成受精卵,这个过程称为受精。受精完成后,较小的精子、管细胞和柄细胞解体。

3. 胚胎发育

松属的受精卵经过分裂和分化到胚的发育成熟过程较为复杂,通常可以将其分为原胚、胚胎选择、胚的组织分化和成熟、种子的形成等 4 个阶段。

(1)原胚阶段

首先受精卵连续进行 3 次分裂形成 8 个游离核,排成两层,上层的 4 个细胞称为开放层,下层的 4 个细胞称为初生胚细胞层。接着开放层和初生胚细胞层各自再分裂 1 次,形成 4 层 16 个细胞,自上而下分别为上层、莲座层、初生胚柄层和胚细胞层,后者即为原胚。

(2) 胚胎选择阶段

原胚的上层在初期有吸收作用,不久解体;莲座层在数次分裂之后也消失;初生胚柄层的 4 个细胞不再分裂而伸长,使胚细胞层穿过颈卵器基部的细胞壁进入雌配子体组织,称为初生胚柄。在初生胚柄细胞伸长的同时,胚细胞层的细胞进行横分裂,发育为次生胚柄。由初生胚柄和次生胚柄组成多回卷曲的胚柄系统。次生胚柄最前端连着胚细胞层,不久,次生胚柄的细胞彼此纵向裂开,其顶端的胚细胞彼此纵向分离,各自在次生胚柄顶端发育成 1 个胚,共形成 4 个胚。这种由 1 个受精卵发育形成多个胚的现象称为裂生多胚现象。裂生多胚的各个胚胎之间发生生理上竞争,最后通常只有 1 个发育成为成熟胚。

(3) 胚的组织分化和成熟阶段

胚进一步发育,成为一个伸长的圆柱体,在胚柄一端的根端原始细胞分化出根端和根冠组织,发育为胚根;在远轴区域分化出下胚轴、胚芽和子叶。成熟的胚包括胚根、胚轴、胚芽和数个至十余个子叶。

(4) 种子的形成阶段

随着胚的发育成熟,珠心组织被分解吸收,仅在珠孔一端残留着纸状帽形的薄层。胚周围的雌配子体发育为胚乳,而珠被发育为种皮。胚、胚乳和种皮构成种子。在种子发育成熟的过程中,雌球花也不断地发育,珠鳞木质化而成为种鳞,种鳞顶端扩大露出的部分为鳞盾,鳞盾中部有隆起或凹陷的部分为鳞脐,珠鳞的部分表皮分离出来形成种子的附属物即翅,以利于风力的传播。种子一般要休眠一些时候,然后在适宜的环境条件下萌发产生幼苗,并进一步发育成新的孢子体。

(四) 被子植物的生活史

被子植物有真正的花,输导系统更完善而发达。被子植物的雌配子体较裸子植物更为退化,一般是仅由 7 个细胞组成的胚囊,颈卵器已消失;雄配子体为 2 个或 3 个细胞的花粉粒,原叶细胞退化消失(图 5-36)。

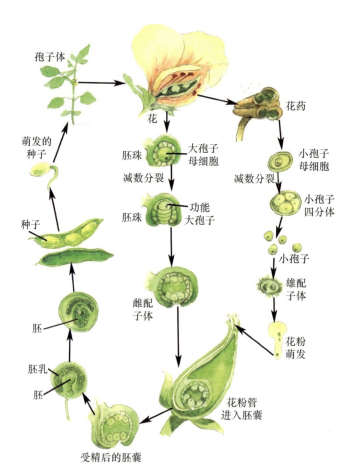

图 5-36 被子植物的生活史

第六章 植物多样性与分类

第一节 植物的多样性及其演化

一、植物物种及其多样性

（一）物种

物种是生物分类学研究的基本单元与核心，是一群可以交配并繁衍后代的相同生物形成的自然群体，与其他相似群体在生殖上相互隔离，并在自然界占据一定的生态位。

目前对于物种存在不同的定义，不同的学科对于物种的认识不同，定义也不同，存在形态学种、遗传学种、系统发育学种等不同的定义。洪德元（2016）提出了形态—生物学物种概念：物种是由一个或多个自然居群组成的生物类群，种内呈现形态性状的多态性和变异的连续性，而种间则有两个或多个独立的形态性状显现变异的间断或统计上的间断。

从植物分类的角度来看，种是最基本的分类单位，它有一定的形态特征、生理特征和一定的自然分布区。

判断种的标志是：一个种的个体不能与另一个种的个体进行生殖亲合，即使结合也不能产生有生殖能力的后代，亦即种与种之间存在生殖隔离。然而，通过生殖隔离区分植物物种存在现实的困难。在一些情况下，物种之间的界限可能不明显，如处于分化路上的物种存在不完全的生殖隔离。

在传统的植物分类学中,如果种内某些个体之间有差异时,可视差异的大小,将种再划分为亚种、变种和变型等。

(1)亚种(subspecies,ssp.)是种内个体在地理和生殖隔离初期所形成的群体,有一定的形态特征和地理分布区,亦称"地理亚种"。如稻种下的籼稻和粳稻即为不同的亚种,二者除形态和生理特征的差别外,籼稻多分布在纬度较低的热带和亚热带地区,而粳稻多分布在纬度较高的温度及亚热带北缘。亚种是渐变型物种形成过程中的必经之路。

(2)变种(varietas,var.)与原种不存在地理隔离,但在形态和生理特征上有1~2个性状的差异,如蟠桃是桃的变种。系统演化理论认为,变种实际上是同种不同基因型的表现。

(3)变型(forma,f.)为形态和个别性状变异比较小的类型,通常只有1个性状的差异。变型通常见于栽培植物中,如碧桃为桃的变型,其花为重瓣。

(4)品种(cultivar,cv.)不是植物分类学单位,不存在于野生植物中。品种是人类在生产实践中,经过选择培育而成的,多基于生物学特性和经济性状的差异,如植株高矮,花或果实的大小、色、香、味,成熟的迟早等。实际上品种也就是栽培植物的变种或变型。

植物界类群的划分不都是生物学意义上的,主要是依据某个特征进行大的归类。沿用习惯上的两界系统,植物界可以划分为17个门:蓝藻门、裸藻门、甲藻门、金藻门、黄藻门、硅藻门、绿藻门、红藻门、褐藻门、细菌门、黏菌门、真菌门、地衣门、苔藓植物门、蕨类植物门、裸子植物门、被子植物门,并可以归纳为藻类、菌类、地衣、苔藓、蕨类、裸子植物和被子植物7个大的类群。

目前,自然界已发现藻类约2.5万种,菌类约9万种,苔藓植物约2.3万种,蕨类植物约1.2万种,裸子植物约800余种,被子植物20万~25万种。仅从种类数目上看,被子植物就占有绝对的优势。

(二)生物多样性与物种多样性

生物多样性是指生物和它们组成的系统的总体多样性和变异性。一般认为,生物多样性包含遗传多样性、物种多样性和生态系统多样性三个层次。

(1)遗传多样性是同一种内基因的变化,它包括同一种内显著不同的种群间以及同一种群内的遗传变异。在生物的长期演化过程中,遗传物质的改变(或突变)是产生遗传多样性的根本原因。

（2）物种多样性是指一个地区生物物种数量、分布等的多样化特征。物种多样性包括两个方面：一是指一定区域内的物种丰富程度；二是指物种分布的均匀程度。物种多样性是衡量一定地区或一个植物群落生物资源丰富程度的一个客观指标。可以认为,物种多样性是生物多样性的基础。

（3）生态系统的多样性主要是指一个地区内生态系统组成、功能的多样性以及各种生态过程的多样性,包括生境的多样性、生物群落和生态过程的多样化等多个方面。其中,生境的多样性是生态系统多样性形成的基础,生物群落的多样化可以反映生态系统类型的多样性。

生物多样性是维持生态系统平衡和生产力持续发展的重要条件,也是人类社会赖以生存和发展的物质基础,它提供各种与人类生存与生活水平、生活质量改善有关的功能与服务,且其未知潜力为人类生存发展显示了不可估量的作用。

二、植物多样性的演化

(一) 植物多样性的演化过程

化石资料表明,植物界的演化存在阶段性,表现出从简单到复杂、从低等到高等、从水生到陆生的演化过程。在距今1.9亿年前的侏罗纪,裸子植物中的松柏类占据优势。近年来的有关研究发现并确认了侏罗纪地层中原始被子植物的存在。在白垩纪,裸子植物衰退,被子植物逐渐兴起。新生代以来,被子植物得到发展并占据优势。

植物可以根据一定的特征划分成不同大小和不同含义的类群。根据植物是否产生种子,可以将植物划分为孢子植物(也称隐花植物)和种子植物(也称显花植物),前者包括藻类、菌类、地衣、苔藓和蕨类,后者包括裸子植物和被子植物。植物常被分为低等植物和高等植物。所谓低等植物(也称原植体植物、无胚植物)指没有根、茎、叶的分化,也没有维管束系统的植物,这些植物有的为单细胞植物,大多数为多细胞植物。藻类和菌类属于低等植物。苔藓植物已经有了茎和叶的分化,蕨类和种子植物不仅有了根、茎、叶的分化,而且还出现了维管束系统,它们统称高等植物

(也称茎叶体植物、有胚植物)。蕨类和种子植物还被合称为维管束植物,其他为无维管束植物。

(二) 低等植物的演化过程

1. 生命的起源和原核生物的产生

地球刚形成时,地质变化非常剧烈,如高山隆起、火山喷发等。氧和氢在高温下结合成水蒸气,随着地球表面冷却而凝结成水,形成了海洋。在高温、大气放电和紫外线等的作用下,碳、氢、氧、氮结合为甲烷、氨和二氧化碳等简单有机物,这些简单有机物经过数亿年的演化过程,合成了蛋白质、核酸、脂肪和碳水化合物等复杂的生物大分子。随着这些生物大分子在原始海洋中逐渐积累,不同的生物大分子经不同的结合、组合,形成了具有繁殖和新陈代谢功能的最原始的原核细胞。

2. 藻类植物的演化过程

最早出现的原核细胞生物是化能自养细菌和光能自养细菌,随着营养方式的改变,一部分原始生命演化为能够通过光合作用进行自养生活的原始藻类。原始藻类通过光合作用增加大气氧浓度,逐渐形成可以阻挡紫外线直接辐射的臭氧层,从而改变了地球的生态环境。于是,海洋中的原始生命有了向陆上发展的可能,生物界更复杂的演化有了环境基础。原核细胞经过15亿多年的演变,原来均匀分散在细胞里面的核物质变得相对集中,外面包裹了核膜,分化出细胞核的结构,有细胞核的生物称为真核生物。

真核生物最先出现的是真核的单细胞植物,几亿年后真核多细胞植物开始出现。真核多细胞植物出现后,植物不同功能部分的细胞形态和结构也开始分化。植物体中的一群细胞成为固着的器官,也就是现代藻类植物固着器的由来。从此,植物开始出现器官分化。

藻类植物的第一个发展方向是形成红藻类,其类囊体单条地组成叶绿体,且集光色素以藻胆蛋白为主。由于藻胆蛋白的合成需用大量能量和物质,是很不经济的原始类型,所以只能发展到红藻类,形成演化上的一个盲枝。

藻类植物的第二个发展方向是产生含叶绿素 a 和叶绿素 c 的杂色藻类。叶绿素 c 代替了藻胆蛋白,进一步解决了有效利用光能的问题。但这个类群不能离开水体,仍是一个盲枝。

藻类植物的第三个发展方向是产生绿藻类。它们除了产生叶绿素 a 以外,还产生了叶绿素 b,而且已经形成较其他藻类更加进步的光合器,即具有基粒的叶绿体。这类植物最终登陆,进一步演化为苔藓植物、蕨类植物及种子植物。

(三)高等植物的演化过程

1. 苔藓植物的演化过程

关于苔藓植物的来源主要有两种观点。一种观点认为起源于绿藻,其理由为:含有相同的光合作用色素;相同的贮藏淀粉;精子均具有 2 条等长的顶生鞭毛;孢子萌发时所形成的原丝体与丝藻也很相似;绿藻的卵囊与精子囊的构造可与苔藓植物的颈卵器和精子器相比拟。另一种观点认为是由裸蕨类植物退化而来的,裸蕨类出现于志留纪,而苔藓植物出现于泥盆纪中期,要比裸蕨类晚数千万年。从演化顺序上说,它们很可能起源于同一祖先。

由于苔藓植物的配子体占优势,孢子体依附在配子体上,但配子体构造简单,没有真正的根,没有输导组织,喜欢荫湿,在有性生殖时,必须借助于水,因而在陆地上难于进一步适应和发展,这都表明它是由水生到陆生的过渡类型。

2. 蕨类植物的演化过程

蕨类植物的起源,根据已发现的古植物化石推断,一般认为:古代和现代生存的蕨类植物的共同祖先,都是距今 4 亿年前的古生代志留纪末期和下泥盆纪时出现的裸蕨植物。

裸蕨植物是最早的维管植物,由于陆地生活的生存条件多种多样,这些植物为适应多变的生活环境,不断向前分化和发展。在漫长的历史过程中,它们是沿着石松类、木贼类和真蕨类三条路线进行演化和发展的。

石松植物是蕨类植物中最古老的一个类群,在下泥盆纪就已出现,中泥盆纪时,木本类型已分布很广,到石炭纪为极盛时代,二叠纪则逐渐衰退,而今只留下少数草本类型。

木贼类植物出现在泥盆纪,最古老的木贼植物是泥盆纪地层中的叉叶属[海尼蕨属(*Hyenia*)]和古芦木属(*Calamophyton*),其特征与裸蕨类及与木贼属均相似,被认为是裸蕨植物与典型的木贼植物之间的过渡类型。

真蕨植物最早出现在中泥盆纪。这些原始蕨类的孢子囊长形,囊壁厚,纵向开裂或顶上孔裂。这些古代的真蕨植物到二叠纪时,大多数已经灭绝。在三叠纪和侏罗纪时,又演化发展了一系列的新类群。现代生存的真蕨植物多数具有大型的叶,有叶隙,茎多为不发达的根状茎,孢子囊聚集成孢子囊群,生在羽片的下面或边缘,绝大多数是中生代初期发展的类型。

3. 裸子植物的演化过程

最早的裸子植物出现在古生代泥盆纪,中生代为裸子植物最繁盛的时期,随后由于地质气候的变化,裸子植物种系也随之多次演变更替,老的种类相继灭绝,新的种类陆续演化出来,种类演替繁衍至今,现代的裸子植物有不少种类是新生代第三纪出现的,又经过第四纪冰川时期保留下来,繁衍至今。

最原始的裸子植物也是由裸蕨类演化出来的。多数学者认为裸子植物是由前裸子植物(Progymnospermae)和种子蕨(Pteridospermopsida)演化而来。前裸子植物起源于裸蕨类,而种子蕨类与其他裸子植物又平行起源于前裸子植物。本内苏铁类(Bennettitopsida),即拟苏铁类(Cycadeoideopsida)可能起源于种子蕨类的皱叶羊齿类(Lyginopteridatae),苏铁类(Gycadopsida)与皱叶羊齿类亲缘关系密切。银杏类(Ginkgopsida)与苛得狄类可能有共同的起源,它们可能是由前裸子植物的同一个分支中演化出来的,或一开始就彼此独立演化成两个平行分支。松杉类(Coniferopsida)与苛得狄类有着很近的亲缘关系。盖子植物(Chlamydospermopsida)是极特殊的类群,因缺乏古植物学资料,未见有阐明其起源与演化的报道。

4. 从裸子植物到被子植物

种子植物具有花,而其他植物没有,所以种子植物又被称为显花植物,而其他植物被称为隐花植物。被子植物由裸子植物演化而来，二者存在着明显的区别（表 6-1）。

表 6-1　裸子植物和被子植物的比较

裸子植物	被子植物
无真正的花	有真正的花
心皮敞开，胚珠裸露	心皮闭合，形成子房
组织分化不完善，仅出现管胞、筛胞等输导组织	组织分化完善，仅出现导管、筛管等输导组织
叶以针形、大型叶为主，极少阔叶	叶以阔叶为主，出现各种叶型
高大乔木为主	乔木、灌木、草本均有
无果实	有果实

裸子植物既是种子植物，又是颈卵器植物，是介于蕨类植物和被子植物之间的一群高等植物。由于缺少化石证据，长期以来对裸子植物如何演化为被子植物存在不同的认识，出现了真花说和假花说两个学派。假花说认为裸子植物中较为进化的麻黄属（*Ephedra*）是被子植物的祖先，首先演化出来的被子植物具有单性花，两性花是由单性花演化而来的。

真花说则认为被子植物起源于已经灭绝的裸子植物。化石裸子植物本内苏铁目（Bennettitales）具有两性孢子叶球。以研究得最为详尽的拟苏铁（*Cycadeoidea dacotensis*）为例，它的大孢子叶在上方，小孢子叶在下方，二者均为多数、分离，排列在一个突出的轴上，其外侧包被着不育性的孢子叶（图 6-1），大多数学者因此认为早期的被子植物也具有类似的性状。本内苏铁的两性孢子叶球是稀有的，其他裸子植物都只有单性孢子叶球。两性孢子叶球与现存的原始被子植物木兰属（最典型的如玉兰）的花非常相似（表 6-2），二者的本质区别是拟苏铁胚珠裸露，不形成子房，而玉兰胚珠包被于心皮内，形成子房。

1. 小孢子叶未张开；2. 小孢子叶有1个已张开

图 6-1　拟苏铁的两性孢子叶球（仿塔赫他间，转引自汪劲武）

表 6-2　拟苏铁与玉兰的比较

拟苏铁	玉兰
两性孢子叶球	两性花
有不育的苞片	有花被
花托柱状突出	花托柱状
小孢子叶多个	雄蕊多数，分离
大孢子叶多数，螺旋排列	心皮多数，分离，螺旋排列
胚有两子叶	胚有两子叶

较原始的被子植物德坚勒木（*Degeneria vitiensis*）只有1属1种，特产于南太平洋的斐济岛。值得注意的是，该植物的雄蕊为扁平叶状体，花药位于叶状体中央，尚未分化出丝状的花丝，叶状花丝有3条脉。雌蕊尚未分化出柱头、花柱和子房，心皮腹缝结合

不密,有柱头面,为腹缝线肥厚的边缘,不似一般的圆球状柱头(图 6-2)。心皮具有两行胚珠,但胚珠排列于与心皮边缘有较大距离的地方。根据德坚勒木可以推断被子植物的雄蕊和雌蕊的形成过程,即花的各部分是由叶演化而来的(图 6-3,图 6-4)。

1. 带花小枝;2. 花;3. 雄蕊;4. 雌蕊;5. 花粉
图 6-2　德坚勒木(转引自汪劲武)

(四) 被子植物的演化

根据化石资料,最早出现的被子植物多为常绿、木本植物,后来,由于气候和地质条件的变化,产生了落叶类群和草本类群,由此可以确认落叶、草本、叶形多样化、输导功能完善化等都是次生的性状。根据花、果的演化趋势具有向着经济、高效方向发展的特点,确认花被退化或分化、花序复杂化、子房下位等都是次生的性状。基于上述认识,一般公认的形态性状的演化趋势如表 6-3 所示。

表 6-3 中植物形态性状演化的一般规律是判别某类植物演化地位的准则,亦即分类的原则。但是,某一种植物的形态特征在演化上并非同步演化,往往是有的特征已经演化,有的特征还保留原始状态。

早期将被子植物亚门进一步分为双子叶植物纲和单子叶植物纲,二者的区别如表 6-4 所示。

表 6-3 被子植物形态性状的演化趋势

	初生的、原始的性状	次生的、演化的
茎	木本	草本
	直立	缠绕
	无导管，只有管胞	有导管
	具环纹、螺纹导管，梯纹穿孔，斜端壁	具网纹、孔纹导管，单穿孔，平端壁
叶	常绿	落叶
	单叶全缘，羽状脉	叶形复杂化，掌状脉
	互生（螺旋状排列）	对生或轮生
花	单生花	花形成花序
	聚伞花序	总状花序
	两性花	单性花
	雌雄同株	雌雄异株
	花部呈螺旋状排列	花部呈轮状排列
	花的各部多数而不固定	花的各部数目不多，有定数（3,4 或 5）
	花被同型，不分化为萼片和花瓣	花被分化为萼片和花瓣，或退化为单被花和无被花
	花各部离生	花各部合生
	整齐花	不整齐花
	子房上位	子房下位
	花粉粒具单沟，二细胞	花粉粒具三沟或多孔，三细胞
	胚珠多数，两层珠被，厚珠心	胚珠少数，一层珠被，薄珠心
	边缘胎座、中轴胎座	侧膜胎座、特立中央胎座及基生胎座
果实	单果，聚合果	聚花果
	真果	假果
种子	种子有发育的胚乳	无胚乳，种子萌发所需的营养物质储存在子叶中
	胚小、直伸，子叶 2 枚	胚大、弯曲或卷曲，子叶 1 枚
生活型	多年生	一年生
	绿色自养植物	寄生、腐生植物

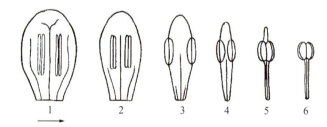

图 6-3 被子植物雄蕊的演化过程示意，箭头示演化方向（仿塔赫他间，转引自汪劲武）

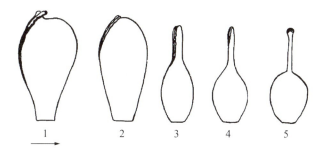

图 6-4 被子植物雌蕊的演化过程示意(仿塔赫他间,转引自汪劲武)

表 6-4 双子叶植物和单子叶植物的比较

双子叶植物	单子叶植物
胚有两片子叶	胚只有一片子叶
茎内维管束排列成圆筒状,有形成层保持分裂使茎加粗	茎内维管束散生,无形成层,茎不明显加粗
主根常发达,多为直根系	多为须根系
叶脉多为网状脉	叶脉多为平行脉和弧形脉
花常为 5 数或 4 数,有一部分为多数	花常为 3 数,少数为 4 数

第二节 植物分类和识别

一、植物分类系统

(一)植物分类系统的提出

大约在 34 亿年前,地球上出现了原核生物——细菌和蓝藻。随着地球上多次地质变迁,藻类植物、苔藓植物、蕨类植物、裸子植物、被子植物依次繁盛。在长期的演化过程中,有些类群逐渐衰退和消亡,同时又有新的类群出现。

为了便于分门别类地识别庞杂的植物种类和系统地表示植物间的亲缘关系与系统发生上的顺序性,在植物分类学中制定了一套等级单位,并给它们以不同的名称。

这些等级单位就是界、门、纲、目、科、属、种等(表6-5)。首先所有的植物都归入植物界,界下分若干门,门下分若干纲,以此类推。它们排列起来,构成一个阶梯系统,各种植物在此系统中都可以找到适当的位置。

表6-5 植物界的分类单位

中文	拉丁文	英文	词尾
界	Regnum	kingdom	-phyta
门	Divisio	phylum(division)	
纲	Classis	class	
目	Ordo	order	-ales
科	Familia	family	-aceae
属	Genus	genus	
种	Species	species	

现以桃为例,说明如下:

界　植物界　Regnum vegitabile

门　种子植物门　Spermatophyta

纲　双子叶植物纲　Dicotyledoneae

目　蔷薇目　Rosales

科　蔷薇科　Rosaceae

属　桃属　*Amygdalus*

种　桃　*Amygdalus persica*

恩格勒(Engler)系统认为葇荑花序类植物(即木本植物种、花单性、无花被、有葇荑花序者,如杨柳目)为双子叶植物中的原始类型,这一观点目前为许多学者所反对。恩格勒系统的使用时间长、影响较大,许多国家的大的植物标本室和植物志仍然按照恩格勒系统编排。

哈钦松(Hutchinson)系统认为单性花比两性花要演化,具有两性花的木兰目和毛茛目是最原始的被子植物,而具有无被花的杨柳目植物是后来演化过程中逐渐形成的。现在多数学者接受这一观点。但该系统将双子叶植物分为木本支(源自木兰目)

和草本支(源自毛茛目)两大类,这一点在现在看来是完全错误的。

这两个系统的提出分别在19世纪末和20世纪早期。在20世纪50年代以来,由于植物学各分支学科的发展,给植物分类学提供了更多证实亲缘关系的证据,因而出现了很多更符合自然的系统,主要有苏联植物分类学家塔赫他间(Takhtajan)系统和美国纽约植物园前主任柯朗奎斯特(Cronquist)系统。柯朗奎斯特系统在各级分类系统的安排上较前几个分类系统更为合理,科的范围较适中,有利于教学,在20世纪后期的教材中使用较多。

(二) 种子植物纲和目的划分

纲和目是被子植物的高级分类单位。

对于裸子植物纲和目的划分相对比较确定。裸子植物一般分为银杏纲(Ginkgopsida)、苏铁纲(Cycadopsida)、松杉纲(Coniferopsida)、盖子植物纲(Chlamydospermopsida)。银杏纲只有银杏目(Ginkgoales);苏铁纲则有种子蕨目(Peltaspermales)、苏铁目(Cycadales)、本内苏铁目(Bennettitales);松杉纲包含松杉目(Pinales)、罗汉松目(Podocarpales)、三尖杉目(Cephalotaxales)、红豆杉目(Taxales);盖子植物纲包含麻黄目(Ephedrales)、买麻藤目(Gnetales)、百岁兰目(Welwitschiales)。

由于对系统发育认识的不同,不同的分类系统对纲和目的划分存在较大的不同。早期的分类系统,包括恩格勒系统、哈钦松系统、塔赫他间系统、柯朗奎斯特系统,通常将被子植物划分为双子叶植物纲(或称木兰纲)和单子叶植物纲(或称百合纲)。植物学家吴征镒先生认为,以早白垩世为断面,已有8条主传代线,按林奈的阶层体系,赋予每条主传线为"纲"一级单位,建立了被子植物"八纲系统"。八纲分别为:木兰纲(Magnoliopsida)、樟纲(Lauropsida)、胡椒纲(Piperopsida)、石竹纲(Caryophyllopsida)、百合纲(Liliopsida)、毛茛纲(Ranunculopsida)、金缕梅纲(Hamamelidopsida)、蔷薇纲(Rosopsida)。

被子植物目和科的划分也不尽相同。恩格勒系统将被子植物划分为62目,344科,其中双子叶植物48目,单子叶植物14目;哈钦松系统则划分为111目,411科,其中双子叶植物82目,单子叶植物29目;塔赫他间系统在目的上面划分出超目,共划分了28超目,92目,416科,其中双子叶植物(木兰纲)20超目,71目,单子叶植物(百合纲)8超目,21目;柯朗奎斯特系统划分了83目,388科,其中双子叶植物64目,单子叶植物 19 目;在 APG(被子植物系统发育组的简称)系统中,APG Ⅲ系统划分了 59 目,415 科,而后来的 APG Ⅳ 划分为 64 目,416 科。

二、植物识别

(一) 比较形态分类法

在达尔文的《物种起源》发表之后,植物学家也提出植物分类要考虑植物之间的亲缘关系。系统发育分类基于这样一种思想:现代的植物都是从共同的祖先演化而来的,彼此间都有或近或远的亲缘关系,关系越近,则相似性越多,它能够较彻底地说明植物界发生发展的本质和演化上的顺序性。但是,由于古代植物早已灭绝,化石资料残缺不全,新的物种不断被发现等原因,使自然分类法里面也带进了不少人为因素。

从具体操作来说,目前采用的通常是**比较形态分类**,即通过比较组成植物的各器官的形态特征进行区分。花的特征是最主要的区分标志。由于认识上的差异,出现了数十个植物分类系统,比较著名的有恩格勒系统和哈钦松系统,分别代表"假花"学派和真花学派。

(二) 植物的名称

同种植物在不同的语言中有不同的称呼,如圆白菜在蒙古国被称为蒙古白菜。即使在同一种语言中也存在不同的称谓,如马铃薯,我国南方称为洋芋,北方称为土豆,西红柿在南方称为番茄,这种现象称为同物异名。另外还存在同名异物的现象,如我国叫作"白头翁"的植物就有 16 种之多,分属 4 科 16 属。特别是在中药中,很多具有相同功效的植物被冠以同一名称,如全国有 49 种蕨类植物的根茎入药,都称"贯众",但它们分属 6 科 17 属。

植物名称的混乱,给植物的研究和利用带来极大的不便。为了避免这种混乱,有必要给每种植物制定国际上统一使用的科学名称,即学名(scientific name)。根据国际上有关规定,植物命名采用拉丁文。拉丁语是一种"死语言",已经不再有人使用,但拉丁文作为一种文字保存下来,而且不会像其他活的语言文字那样不断发生变化。此外,古罗马帝国大量的科学文献都是用拉丁文撰写的,为后人使用拉丁文命名植物提供了重要的基础。

每种植物的名称包括属名和种加词两部分,属名的第一个字母大写,种加词均为小写。在种名后面有时注上命名人的姓名缩写。如桃的拉丁名为 *Amygdalus persica* L.,其中 *Amygdalus* 是属名,*persica* 是种加词,意思是"波斯的",说明桃起源于古波斯一带。L. 表示命名人林奈名字的缩写。

属名一般是名词,其来源主要有:

① 拉丁文古老的名字,如 *Rosa*(蔷薇属);

② 希腊文古老的名字,如 *Cycas*(苏铁属);

③ 反映该属特征的名词,如 *Trifolium*(三叶草属);

④ 纪念某个名人;如 *Tsoongiodendron*(观光木属),为了纪念植物分类学家钟观光;

⑤ 植物产地,如 *Fokienia*(福建柏属);

⑥ 改造某一属或另加前缀和后缀形成,如 *Pistacia*(黄连木属)可以换位成 *Tapiscia*(银鹊树属);

⑦ 地方土语拉丁化,如 *Litchi*(荔枝属)是汉语荔枝的音译。

而**种加词**一般是形容词,用以形容植物的外部形态、颜色、气味、生境特征和被发现或主要分布的地点。种名要求与属名的性、数、格一致。对于变种,则须再加上变种名,如蟠桃是桃的变种,它的拉丁名为 *Amygdalus persica* var. *compressa*,其中 var. 是"变种"的缩写,*compressa* 是蟠桃的变种名。亚种与变型的命名与变种类似,它们的缩写分别是 ssp. 和 f.。

命名人的姓氏位于种加词之后,一般超过一个音节时要缩写,如 Masao Kitagawa 缩写为 Kitag.。特别著名的植物分类学家可以只写其一个字母,如 Linnaeus(林奈)缩写为 L.。如果命名人为两人,则在两个人名中间加"et"("和");如果作者多于两人,则用"et al";有时两人名中间用"ex",表示前一人是命名人,后一人是著文公开发表这个种的人。一般属名和种名用斜体书写,而命名人缩写用正体。在一些生态学的书籍中,命名人缩写通常被略去。

《国际植物命名法规》(International Code of Plant Nomenclature)是由国际植物学大会通过,由"法规"委员会根据大会精神拟定,并在每 6 年一次的国际植物学大会后加以修订补充形成的。最早的《国际植物命名法规》是 1867 年 8 月在法国巴黎召开的第一届国际植物学会议上确定起草的,故称巴黎规则。

《国际植物命名法规》的要点如下:

(1)每种植物只能有一个合法的拉丁学名,其他只能作为异名或废弃。

(2)每种植物的拉丁学名包括属名和种加词,另加命名人名。

(3)一种植物如已有两个或两个以上的拉丁学名,应以最早发表的(不早于1753年林奈的《植物种志》一书发表的年代),并且是按"法规"正确命名的名称为合理名称。

(4)一个属中的某一个种确应转移到另一个属时,可以采用新属的属名,而种加词不变,原来的名称称为基本异名。如白头翁[*Pulsatilla chinensis*(Bge.)Regel]的基本异名为 *Anemone chinensis* Bge.,原命名人的名字加括号后移入新的名称中。

(5)对于科或科以下各级新类群的发表,必须指明其命名模式,才算有效。例如,新科应指明模式属,新属应指明模式种,新种应指明模式标本。**模式标本**是由命名人指定的,用作新种描述、命名和绘图的标本,它对于鉴定这个种有十分重要的意义,通常妥善保存在植物标本室中。

(6)学名有效发表的条件是必须在出版的印刷品中,并可通过出售、交换或赠送,到达公共图书馆或者至少一般植物学家能去的研究机构的图书馆。

(7)对不符合命名法规的名称,按理应不使用,但历史上惯用已久,可经国际植物学会议讨论通过作为保留名。例如,某些科名词尾不是-aceae,新的名称改成-aceae结尾,如伞形科现在通常用 Apiaceae,但原来的名称 Umbelliferae 也可作为保留名使用。同样,禾本科新的名称为 Poaceae,原来的 Gramineae 作为保留名,豆科新的名称为 Fabaceae,原来的 Leguminosae 作为保留名。

(8)杂交种可以用两个种加词之间加×表示,如加拿大杨(*Populus deltoides*×*P. nigra*)为三角杨(*P. deltoides*)和黑杨(*P. nigra*)的杂交种。但也可以另取一名,用×分开,如 *Populus*×*canadensis*。

栽培植物有专门的命名法规。基本方法是在种以上的分类单位与自然植物命名法相同,种下设品种(cultivar,cv.)。

（三）植物的识别

对植物形态特征的描述是识别植物的前提，花的形态特征是最主要的识别标志，在非花期，植物营养体的形态特征可以作为识别植物的辅助区分标志。

在识别植物的形态特征之后，下一步就是根据这些形态特征查阅植物检索表。通常先检索到科，然后在科以下再检索到属和种。

作为识别植物的工具，检索表的编制采用植物形态比较方法，采用有明显区分度的成对特征，将植物分成两类，然后再选择另外一对有明显区分度的特征，依次二岐式划分，最后将确定某一植物所属的科、属以及种。

检索表一般分为平行检索表和等距检索表，二者只是表达形式的不同。以木犀科常见的紫丁香（*Syringa oblata*）、连翘、迎春等为例，其检索表为：

（1）平行检索表

1. 乔木 ·· 2
1. 灌木 ·· 3
2. 奇数羽状复叶对生,翅果 ·· 美国红梣
2. 单叶对生,蒴果 ··· 暴马丁香
3. 花冠通常 5~6 裂,花冠黄 ··· 迎春
3. 花冠（深）4 裂 ··· 4
4. 叶片边缘有锯齿,花冠黄色,蒴果 ·· 连翘
4. 叶片全缘 ··· 5
5. 聚伞状圆锥花序,花冠白色,核果 ··· 流苏树
5. 圆锥花序,花冠紫色,蒴果 ··· 紫丁香

（2）等距检索表

1. 灌木 ·· 2
  2. 花冠（深）4 裂 ··· 3
    3. 叶片全缘 ··· 4
      4. 聚伞状圆锥花序,花冠白色,核果 ··· 流苏树
      4. 圆锥花序,花冠紫色,蒴果 ··· 紫丁香
    3. 叶片边缘有锯齿,花冠黄色,蒴果 ·· 连翘
  2. 花冠通常 4~6 裂,花冠黄色 ·· 迎春
1. 乔木 ·· 5
  5. 奇数羽状复叶对生,翅果 ·· 美国红梣
  5. 单叶对生,蒴果 ··· 暴马丁香

第三节　不同植被类型中的优势植物

植被是植物多样性的载体。本章重点介绍不同植被类型中优势科的基本特征,便于将植被生态、植被地理的学习与植物分类有机结合,避免植物分类学习的枯燥感。

一、针叶林中的优势植物

针叶林指以针叶树为建群种所组成的各种森林群落。针叶林分布在各个气候带,根据其对热量条件需求的差异,将针叶林分为寒温性针叶林、温性针叶林、暖性针叶林和热性针叶林。松科植物是针叶林的主体,在石灰岩山地,喜钙的柏科植物成为主体。

寒温性针叶林主要分布于寒温带,也称北方针叶林或者泰加林,此外还分布于其他气候带高海拔山地。寒温性针叶林是地球上面积最大的连续分布的森林,又进一步分为:以松科的云杉属或冷杉属形成的林相郁闭的阴暗针叶林,和以松科的松属和落叶松属为主林相稀疏的明亮针叶林。

温性针叶林、暖性针叶林和热性针叶林主要分布在中、低纬度地区,除松科和柏科外,还包括松杉纲的其他科,如杉科、罗汉松科、红豆杉科。

(一) 松科(Pinaceae)

松科包括 10 属 230 多种,主要分布在北半球,我国有 10 属 113 种、29 变种(含引种栽培 24 种 2 变种)。

松科以高大常绿乔木为主,叶多为针形、线形、条形或钻形,孢子叶球单性同株(图 6-5),球果的种鳞与苞鳞离生,每个种鳞具 2 个种子,小孢子叶含 2 个花粉囊,小孢子(花粉)有气囊。

松科的常见属有松属(*Pinus*)、云杉属(*Picea*)、冷杉属(*Abies*)、落叶松属(*Larix*)、雪松属(*Cedrus*)、黄杉属(*Pseudotsuga*)、铁杉属(*Tsuga*)和油杉属(*Keteleeria*),珍稀植物银杉(*Cathaya argyrophylla*)、金钱松(*Pseudolarix amabilis*)也属于松科。主要属的特征如下:

(1) 松属:叶片针形,成束生长。在我国温带地区,主要的松属植物包括油松、白

图 6-5　松科孢子叶球单性同株

皮松(*P. bungeana*)和华山松(*P. armandii*),可以从每束针叶的数目加以区分,分别为两针一束、三针一束和五针一束(图 6-6)。在我国亚热带地区,常见的松属植物包括马尾松(*P. massoniana*)和黄山松(*P. taiwanensis*),马尾松一般分布在低海拔地区,而黄山松主要分布在海拔 800 m 以上。在云南等地还分布有云南松(*P. yunnanensis*)和思茅松(*P. kesiya*),在海南岛等地还分布有海南五针松(*P. fenzeliana*)。

图 6-6　油松、白皮松和华山松,可以从每束的针叶数区分

(2)云杉属和冷杉属:二者叶片均为扁平叶。云杉属叶片螺旋状排列,有叶枕,球

果下垂；冷杉属叶片排列在平面上，脱落后留下叶痕，球果上举（图6-7）。

图6-7　云杉属（左）和冷杉属（右），可以根据叶片排列方式及球果的生长区分

（3）落叶松属与雪松属：二者针叶均成簇生长。其中落叶松属落叶，种翅长；雪松属常绿，种翅宽大（图6-8）。

图6-8　落叶松属（左）和雪松属（右），种子的种翅明显不同

（二）柏科（Cuppressaceae）

柏科有22属约150种，我国有8属29种7变种。

柏科叶多为鳞形或刺形，鳞形叶交互对生，刺形叶常3叶轮生；孢子叶球单性同株或异株，小孢子叶含3~6花粉囊，小孢子（花粉）无气囊；球果的种鳞与苞鳞愈合，每一种鳞含一至多个种子。

柏科的常见属有圆柏属（*Sabina*）、侧柏属（*Platycladus*）、刺柏属（*Juniperus*）、柏木属（*Cupressus*）、崖柏属（*Thuja*）等，中国分布有特有单种属福建柏属（*Fokienia*）。分布于台湾岛的珍稀植物红桧（*Chamaecyparis formosensis*）属于柏科。常见有圆柏属和侧柏属，其主要区别为：

（1）圆柏属：小枝不排列在一个平面上，兼具鳞形叶和刺形叶；球果2～3年后成熟，不开裂；雌雄异株（图6-9）。

图6-9　雌雄异株的圆柏属及其大、小孢子叶球

（2）侧柏属：小枝扁平，叶全为鳞片状，交互对生；球果当年成熟，开裂；雌雄同株（图6-10）。

图6-10　雌雄同株的侧柏属及其大、小孢子叶球和球果

(三)杉科(Taxodiaceae)

该科共有10属16种,包含杉木属(*Cunninghamia*)、水杉属(*Metasequoia*)、水松属(*Glyptostrobus*)、柳杉属(*Cryptomeria*)等属。

该科的分类特征为种子扁平或三棱形,周围或两侧有窄翅,或下部具长翅(图6-11)。

图6-11　杉木的枝条和球果

(四)罗汉松科(Podocarpaceae)

该科共有8属约130余种,主要分布于热带、亚热带及南温带地区。

该科的分类特征为种子核果状或坚果状,全部或部分为肉质或较薄而干的假种皮所包被(6-12)。

图6-12　罗汉松科的枝条和种子特征(外层肉质部分为假种皮)

(五) 红豆杉科(Taxaceae)

该科共有 5 属 23 种,主要分布于北半球。

该科的分类特征为种子核果状,全部为肉质假种皮所包,或包于囊状肉质假种皮中而露出顶端尖头,或种子坚果状,包于杯状肉质假种皮中(图 6-13)。

图 6-13　红豆杉科的枝条和种子特征(红色为杯状肉质假种皮)

二、热带森林中的优势植物

热带森林包括热带雨林和热带疏林。热带雨林是全球植物多样性集中分布的地区。在热带雨林中,树木种类多样,相邻两株树木很少是同种的。如菲律宾一个地区的雨林中,每 1000 m² 的面积上约有 800 株高达 3 m 以上的树木,分属于 120 个种。此外,热带雨林还是全球藤本植物和附生植物的集中分布区。世界上 90% 的藤本植物分布在热带地区,包括夹竹桃科、萝藦科(Asclepiadaceae)、葡萄科(Vitaceae)、桑科、牛栓藤科(Connaraceae)、使君子科(Combretaceae)、防己科(Menispermaceae)、卫矛科(Celastraceae)、豆科、大戟科(Euphorbiaceae)等的一些植物。热带雨林中的附生植物也种类多样,大量生长在树干上或者枝条上,包括大量的兰科和凤梨科植物。

全球热带雨林分为美洲雨林、印度-马来雨林和非洲雨林。美洲雨林主要分布于亚马孙河流域,代表性植物为豆科和棕榈科植物。印度-马来雨林主要分布于东南亚、澳大利亚东北部以及我国热带地区,代表性植物为龙脑香科(Dipterocarpaceae)植物。非洲雨林主要分布于刚果盆地,代表性植物为梧桐科、桑科和楝科(Meliaceae)植物。

(一) 豆科(Fabaceae, Leguminosae)

花程式: $K_{(5)} C_5 A_{(\infty),(9)+1,10} \underline{G}_{1:1:1-\infty}$

豆科为乔木、灌木或草本;常为一回或二回羽状复叶;雄蕊通常 10 枚,有时 5 枚或多数,雌蕊1心皮,1室,内有1至多个胚珠;豆科植物的共同特征是具有荚果。

豆科是被子植物中的大科,全球有约690属17600种,我国有151属1200种以上。豆科主要分布于热带森林中,此外,在热带稀树草原和温带森林和草地中也有分布。豆科可以进一步划分为三个亚科(图6-14):

(1) 含羞草亚科(Mimosoideae):花辐射对称,花瓣镊合状,雄蕊5~10枚(通常与花冠裂片同数或为其倍数)或多数,突露于花被之外,如合欢。

(2) 云实亚科(Caesalpinioideae):花冠为假蝶形,雄蕊10枚,分离,如紫荆(*Cercis chinensis*)。

(3) 蝶形花亚科(Papilionoideae):花冠蝶形,包括旗瓣1(在外面),翼瓣2,龙骨瓣2(合生),两体雄蕊,即9枚雄蕊花丝合生,花药分离,另有1枚雄蕊单生,如金雀儿(*Cytisus scoparius*)。

合欢　　　　紫荆　　　　金雀儿

图 6-14　豆科三个亚科代表性植物的花和果

(二) 梧桐科(Sterculiaceae)

花程式:$K_{(5)}C_0A_{(5-15)}$;$K_{(5)}C_0G_{(2-5:2-5:2-\infty)}$

梧桐科以木本为主。花序常腋生。萼片5,花瓣5或无,分离或基部与雌雄蕊柄合生,以旋转覆瓦状排列;雄蕊花丝常合生成管状;雌蕊常由2~5枚心皮组成,室数与心皮数相同,每室2个或多个胚珠;果实常为蒴果(图6-15)。

常见属包括苹婆属(*Sterculia*)、梧桐属(*Firmiana*)、可可属(*Theobroma*)等68属,约1100种。

图 6-15　梧桐的叶片和花序(果序)

(三) 桑科(Moraceae)

花程式:$K_{(4)}C_0A_4$;$K_{(4)}C_0G_{(2:1:1)}$

桑科以木本为主,单性花,雌雄花常密集为头状花序、聚伞花序、葇荑花序。无花萼和花瓣之分;雄蕊与花被片同数且与之对生,通常4枚,稀1~8。子房上位至下位,或陷入花序轴内,子房1~2室,每室1个胚珠。果为核果或瘦果(图6-16)。

常见属包括榕属(*Ficus*)、桑属(*Morus*)、见血封喉属(*Antiaris*)、菠萝蜜属(*Artocarpus*)、构属(*Broussonetia*)等53属,共1400余种。

图 6-16　左:桑科的隐头花序,花序分枝肥大并愈合形成肉质的花座将花包围
右:构树的雌花序,为头状花序

(四)棕榈科(Palmae)

花程式:$* K_3 C_3 A_{3+3} \underline{G}_{(3:3:1)}$

乔木,少藤本,茎常覆盖不脱离的叶基,叶簇生茎顶部,多为掌状分裂或羽状复叶的大叶。花小,辐射对称。肉穗花序,生于叶间或叶下,佛焰苞形态多样,花有小苞片,萼片3,分离或合生,花瓣3,分离或合生,雄蕊6,2轮,少为多数,子房上位,心皮3,分离或基部合生,胚珠1,直立。浆果或核果。

棕榈科约210属2800种,主要分布于热带和亚热带地区。我国共有28属100余种。常见属包括棕榈属(*Trachycarpus*)、鱼尾葵属(*Caryota*)、散尾葵属(*Chrysalidocarpus*)、棕竹属(*Rhapis*)、椰子属(*Cocos*)、蒲葵属(*Liristona*)(图6-17)。

鱼尾葵(*Caryota ochlandra*)

散尾葵(*Dypsis lutescens*)

棕竹(*Rhapis excelsa*)

棕榈

蒲葵(*Livistona chinensis*)

椰子

图6-17 常见的棕榈科植物

（1）棕榈属：叶片呈半圆或近圆形，掌状分裂成许多具单折的裂片，佛焰花序短，分枝密集。

（2）鱼尾葵属：羽片菱形、楔形或披针形，先端极偏斜而有不规则的齿缺，状如鱼尾；花单性，雌雄同株。

（3）散尾葵属：叶羽状全裂，羽片多数，线形或披针形，外向折叠，花单性，雌雄同株。

（4）棕竹属：叶聚生于茎顶，叶扇状或掌状深裂几达基部，裂片数折；花雌雄异株或杂性，花序生于叶间。

（5）椰子属：叶羽状全裂；佛焰花序圆锥状，生于叶丛中，具一木质、舟状的佛焰苞；花单性同株，雌花散生于花序分枝的下部，雄花生于上部，或雌雄花混生。

（6）蒲葵属：叶大，阔肾状扇形或近圆形，扇状折叠，辐射状（或掌状）分裂成许多具单折或单肋脉（罕为多折）的裂片，裂片先端具 2 浅裂或 2 深裂；花两性，单生或簇生。

（五）兰科（Orchidaceae）

花程式：$\uparrow K_3 C_{2+1} A_{1-2} \overline{G}_{(3:1:\infty)}$

花被片 6，外轮 3 片花瓣状，称为萼片，内轮 2 片大小相似，称为花瓣，中央 1 片特化为唇瓣（图 6-18），唇瓣基部有距或囊；雄蕊 1~2 枚，与雌蕊花柱合生为合蕊柱，子房下位，3 心皮合生，1 室，多个胚珠；花梗和子房常扭转 180^0。

图 6-18　兰科植物花不同的唇瓣形态
A. 人形；B. 囊状；C. 兜状；D. 翅状

兰科有775属,20 000余种,我国166属1019种;兰科植物生活型多样,有陆生、附生和腐生;兰科主要分布于热带亚热带地区,在温带也有分布;在热带雨林中多为附生植物,在亚热带和温带地区主要见于林下,陆生或腐生。

三、亚热带森林中的优势植物

常绿阔叶林分布于亚热带海洋性气候条件下,其主要分布区为东亚地区,尤其是中国亚热带地区。常绿阔叶林主要由壳斗科、樟科、山茶科、木兰科等组成,以上4个科也可以作为常绿阔叶林的一个重要标志。

(一)木兰科(Magnoliaceae)

花程式:$* P_{6-15} A_{\infty} \underline{G}_{\infty:1:1-\infty}$

通常为木本植物,具环状托叶痕;花单生、大型;花被不分化,花瓣状,雄蕊多数、离生;心皮多数、离生,螺旋状排列在伸长的圆柱状的花托上,子房上位(图6-19)。

图6-19 木兰科的柱状花托及其上螺旋状排列的雄蕊和雌蕊群

广义的木兰科共19属,约320种,多常绿乔木,分布于亚洲热带和亚热带,少数分布于北美南部和中美洲。常见的属包括:

(1)木兰属(*Magnolia*):花顶生,花被多轮,每心皮有胚珠1~2个。

(2)含笑属(*Michelia*):花腋生,不全部张开,花丝明显,每心皮有胚珠2个。

(3)鹅掌楸属(*Liriodendron*):花顶生,萼片3,花瓣6,翅果不开裂。

木兰科多观赏植物,如玉兰、辛夷(*Magnolia liliflora*)等;此外,亦有药用和食用植物,已知药用的有13属113种,如厚朴、北五味子(*Schisandra chinensis*),常见的调料八角(*Illicium verum*)也属于木兰科。

(二)壳斗科(山毛榉科)(Fagaceae)

花程式:♂$K_{(4-8)} A_{4-20}$;♀$K_{(4-8)} \overline{G}_{(3-7:3-7:1-2)}$

雌雄同株,花瓣退化,雄花序一般为葇荑花序,雄蕊2~多数;雌蕊3~7心皮合生,3~7室,每室1~2个胚珠,子房下位;坚果,外包壳斗(总苞),因以得名,又名山毛榉科。

壳斗科常为常绿或落叶乔木,常为温带和亚热带阔叶林的优势植物。壳斗科依不同观点,共6~11属,约900种;全球广泛分布;我国有7属320种,自然分布于新疆以外的所有省区(图6-20)。壳斗科各属的主要特征如表6-6所示。

(1)水青冈属(*Fagus*):落叶乔木;雄二岐聚伞花簇生于总梗顶部,头状,下垂,多花;壳斗四裂。

(2)栗属(*Castanea*):落叶乔木;雄花序直立;壳斗四瓣裂。

(3)栎属(*Quercus*):常绿或落叶乔木;雄花序为下垂的葇荑花序;碗状壳斗。

图6-20 壳斗科各属的叶片、壳斗和坚果形态

表 6-6　壳斗科各属特征

雄花序为荑状花序				水青冈属
雄花序为葇荑花序	雄花序直立向上	落叶		栗属
		常绿	壳斗细,内有 1~3 颗坚果	栲属
			壳斗粗,盘状或杯状壳斗	石栎属
	雄花序下垂	常绿,环状壳斗		青冈属
		落叶或常绿,杯状壳斗		栎属

（4）青冈属（*Cyclobalanopsis*）：常绿乔木；雄花序为下垂的葇荑花序；壳斗上的小苞片轮状排列,愈合成为同心环带。

（5）栲（槠）属（*Castanopsis*）：常绿乔木；雄花序直立；壳斗细小。

（6）石栎（柯）属（*Lithocarpus*）：常绿乔木；雄花序直立；壳斗粗,盘状或杯状。

（三）樟科（Lauraceae）

花程式：$* K_{3+3} A_{3+3+3+3} \underline{G}_{(3:1:1)}$

多为常绿木本植物,个别为寄生无叶小藤本；枝叶含樟脑和芳香油；单叶互生,革质,三出脉或羽状脉,多全缘,无托叶；花两性、辐射对称,萼片 6~9；雄蕊 9,3 数成轮,第三轮花药向外；雌蕊由 3 心皮合生,柱头 2 裂,子房上位,1 室 1 胚珠。圆锥花序或总状花序。核果或浆果,种子无胚乳。

樟科主要分布于热带、亚热带地区,45 属 2500 余种；我国 20 属 400 余种。主要有樟属（*Cinnamomum*）、木姜子属（*Litsea*）、山胡椒属（*Lindera*）、润楠属（*Machilus*）、新木姜子属（*Neolitsea*）、厚壳桂属（*Cryptocarya*）等（图 6-21）。我国西南地区为樟科的分布中心；落叶类则分布较广,如三桠乌药（*Lindera obtusiloba*）最北分布至辽宁千山。常见属的特征如下：

（1）樟属：常绿,离基三出脉或三出脉,圆锥花序,花被片脱落。

（2）润楠属：常绿,羽状脉,圆锥花序,花被片宿存。

（3）木姜子属：常绿或落叶,伞形花序或聚伞花序或圆锥花序。

（4）山胡椒属：常绿或落叶,伞形花序腋生,花被裂片薄而长,向内开展或反卷。

（5）新木姜子属：常绿或落叶,离基三出脉,伞形花序单生或簇生。

图 6-21　樟科各属的叶脉和花序差异

(四) 山茶科

花程式：$* K_{5-7} C_5 A_\infty \underline{G}_{(2-10:2-10:2-\infty)}$

乔木或灌木，单叶，互生，革质，无托叶。花两性，少数单性。萼片 5~7，花瓣常为 5，离生或少为合生，子房上位，少下位，2~10 室，每室 2 至多个胚珠，中轴胎座，蒴果。

该科有 20 属 200 多种，分布于热带和亚热带。我国有 15 属近 200 种，主要分布于长江以南，尤其是西南地区。常见属有山茶属、木荷属 (图 6-22)。

(1) 山茶属 (*Camellia*)：蒴果从上部分裂，中轴脱落或无，萼片及花瓣不定数，常多于 5。

（2）木荷属（*Schima*）：蒴果球形，种子周围有翅，宿存萼片细小。

图 6-22　山茶属（左）和木荷属（右）的叶片、蒴果及种子形态对比

四、温带森林中的优势植物

温带森林以落叶阔叶林为代表，分布在温暖湿润的海洋性气候和温暖半湿润的大陆性气候条件下，壳斗科（落叶种类）、桦木科、槭树科、杨柳科、榆科、椴树科、木犀科等大量分布在温带森林中。

（一）桦木科（Betulaceae）

花程式：♂ $K_{2\sim4}\ A_{2\sim4}$；♀ $K_0 \overline{G}_{(2:2:1)}$

落叶乔木或灌木，单叶、互生，边缘有锯齿。花单性同株，雄花序为下垂的葇荑花序，3~6 朵聚生于每一苞片腋内，花萼膜质、4 裂，雄蕊 2~4。雌花序圆锥形、球果形葇荑花序，每一苞片腋内有 2~3 朵雌花，无花萼，雌蕊花柱 2，由 2 心皮合生，2 室，每室 1 个胚珠，子房下位。每个果苞内 2~3 颗小坚果，有翅或无翅。

桦木科共 6 属 100 余种，主要分布于北温带。我国有 6 属约 70 种，分布于中高纬度和中高海拔地区；落叶阔叶林的优势种类；常形成次生林。常见有桦属、榛属（*Corylus*）、鹅耳枥属（*Carpinus*）、桤木属（*Alnus*）、虎榛子属（*Ostryopsis*）等（图 6-23），常见属的特征如下：

（1）桦属：果苞革质，三裂，脱落，小坚果具膜质翅。
（2）榛属：果苞叶状或针刺状，小坚果包于叶状或管状的总苞内。
（3）鹅耳枥属：果苞叶状，革质或纸质，部分包裹小坚果。
（4）桤木属：果苞木质，五裂，宿存。
（5）虎榛子属：小坚果藏于一个管状顶端三裂的总苞内。
哈钦松系统中榛属、铁木属（*Ostrya*）、鹅耳枥属归入榛木科。

桦属的雌花序　　　桦属的雄花序　　　桤木属的雌花序（短）和雄花序（长）

榛属　　　　　　鹅耳枥属　　　　　虎榛子属的总苞片

图 6-23　桦木科常见属

（二）槭树科（Aceraceae）

花程式：$* K_{4-5} C_{4-5} A_8 \underline{G}_{(2:2:2)}$

落叶乔木或灌木，少数常绿；叶对生，有叶柄，无托叶，单叶或复叶，不裂或掌状分裂;花两性、杂性、单性,绿或黄绿色,辐射对称;4基数花或5基数花,子房上位,2室,每室2个胚珠,伞房状、穗状或聚伞花序,翅果或翅果状坚果。

槭树科共3属约300种,我国2属140多种,主要分布在北温带和热带、亚热带山区;为落叶阔叶林的重要成分;分为槭属(*Acer*)和金钱槭属(*Dipteronia*)两个属。

(1)槭属:果实具带翼的翅(图6-24)。

(2)金钱槭属:果实周围环绕着圆形的翅。

图6-24 槭属的花序和翅果

(三)杨柳科(Salicaceae)

花程式:♂ $K_0C_0A_{2\sim\infty}$; ♀ $K_0C_0\underline{G}_{(2:1:\infty)}$

落叶阔叶乔木或灌木;单叶互生;花单性,雌雄异株;每朵花皆有1苞片,无花被(裸花),雄花中雄蕊2至多个,雌蕊由2心皮合生,1室多个胚珠,子房上位。

全球共3属约650种;广泛分布于北温带;落叶阔叶林和高山灌丛的重要成分,我国北方重要造林树种;共分为三个属,其中钻天柳属(*Chosenia*)仅1种,常见属的特征如下:

(1)杨属(*Populus*):冬芽芽鳞多片,葇荑花序下垂(图6-25上图)。

(2)柳属(*Salix*):冬芽芽鳞只1片,葇荑花序直立(图6-25下图)。

图 6-25 上图:杨属的雌花序、雄花序和果实;下图:柳属的雌、雄花序及雄花和雌花

五、温带草原和荒漠中的优势植物

(一) 毛茛科(Ranunculaceae)

花程式:* ↑ $K_{3\sim\infty}$ $C_{0\sim\infty}$ A_{∞} $\underline{G}_{(\infty\sim1:1:1\sim\infty)}$

多草本,稀为木质藤本。多心皮、花被分化不明显,与木兰科类似,但有一些较进化的特征,如两侧对称的花、单性花、无瓣花、雌蕊心皮合生等(图 6-26)。

常见属的特征如下:

(1) 乌头属(*Aconitum*):两侧对称,排成总状花序或圆锥花序。

(2) 唐松草属(*Thalictrum*):通常为聚伞花序。

(3) 毛茛属(*Ranunculus*):具萼片和花瓣,辐射对称。

(4) 铁线莲属(*Clematis*):有萼片,无花瓣。

图 6-26　毛茛科植株、花的形态及花和果实的解剖结构

(二) 藜科 (Chenopodiaceae)

花程式：$* K_{5-2} C_0 A_{5-2} \underline{G}_{(2-3:1:1)}$

一年生或多年生草本，稀为小乔木和灌木；植物体常被泡状毛或粉粒；单叶互生、多无托叶；花被绿色或灰色，雄蕊与花被片同数对生，雌蕊 2—3 心皮合生，1 室 1 胚珠，子房上位；常无苞片，花簇生或穗状花序；胞果(囊果)，胚为半环形或螺旋形；个别分类系统将藜科并入苋科。

藜科为广泛适应的科，逆境中的"斗士"：耐旱 [梭梭，假木贼 (Anabasis)]；耐盐碱 [盐角草、碱蓬、滨藜 (Atriplex patens)]；耐沙 [沙米 (Agriophyllum squarrosum)、虫实 (Corispermum hyssopifolium)]；耐寒旱 [驼绒藜 (Krascheninnikovia ceratoides)]；耐干扰 [灰绿藜 (Oxybasis glauca)、地肤 (Bassia scoparia)、多伴人植物] (图 6-27)。

图 6-27　藜属和碱蓬属的植株和花序

常见属的特征：

（1）菠菜属（*Spinacia*）：雄花排列成穗状花序，顶生或腋生；花被片 4—5，黄绿色，雄蕊 4。

（2）藜属：花簇于枝上部排列成穗状圆锥花序；花被裂片 5，雄蕊 5。

（3）碱蓬属（*Suaeda*）：花通常 3 朵或多数形成团伞花序；花被裂片 5，雄蕊 5。

藜科的食用植物多，如甜菜，用于制糖；菠菜，常见的蔬菜；白茎盐生草，烧制制作拉面的蓬灰。

（三）十字花科（Brassicaceae，Cruciferae）

花程式：$* K_4 C_{4-0} A_{2+4} \underline{G}_{(2:1:1-\infty)}$

一两年生草本为主；花冠十字形，萼片 4，花瓣 4，基部有爪，雄蕊 6（4 长、2 短），常为总状花序；雌蕊 2 心皮合生，1 室 1 至多个胚珠，子房上位，侧膜胎座；长角果或短角果，有假隔膜。

全球有 300 属以上，约 3200 种；主要产地为北温带，尤以地中海区域分布较多；我国有 95 属、425 种，并有 124 变种和 9 个变型，全国各地均有分布；是温带林下、草甸、草原的重要成分；多栽培植物。常见属包括：

（1）芥属：又称芸薹属（*Brassica*），十字花科最大的属，长角果。

（2）荠属（*Capsella*）：三角形短角果。

（3）独行菜属（*Lepidium*）：圆形短角果。

（4）诸葛菜属（*Orychophragmus*）：雄蕊近等长，长角果。

十字花科的食用植物多，仅芸薹属栽培植物就有 14 种，皆为蔬菜，如白菜（*B. pekinensis*）、油菜（*B. chinensis*）、洋白菜（*B. oleracea* var. *capitata*）；萝卜属（*Raphanus*）都是蔬菜；油菜是常见的油料植物。

荠属

独行菜属

诸葛菜属

图 6-28　十字花科不同形态的角果

(四)蔷薇科(Rosaceae)

花程式:$* K_5 C_5 A_{\infty,2,5} \overline{\underline{G}}_{1-\infty:1:1-\infty}$
$\overline{G}_{(2-5:2-5:2)}$

叶互生,常具托叶;花两性,辐射对称,花5基数,萼片与花瓣同数,常具杯形、盘形或壶形的托杯,周位花为主;雄蕊多数,生托杯上。

蔷薇科可以进一步划分为4个亚科:

(1)绣线菊亚科(Spiraeoideae):蔷薇科最原始的亚科;灌木为主;心皮1~5或更多,离生或基部合生,子房上位。蓇葖果,如珍珠梅。

(2)蔷薇亚科(Rosoideae):灌木或草本;雌蕊由多数离生心皮所组成,子房上位或半下位。聚合瘦果(蔷薇果),如黄刺玫(*Rosa xanthina*);或聚合小核果,如悬钩子。

(3)李(梅)亚科(Prunoideae):落叶乔木或灌木为主;心皮1,稀2~5;子房上位。核果,如桃、杏。

(4)梨(苹果)亚科(Maloideae):灌木或乔木;子房下位、半下位,稀上位,(1-)2~5室。梨果,如梨、苹果。

图 6-29 蔷薇科常见的子房与花位图示

(五)唇形科(Lamiaceae, Labiatae)

花程式:$\uparrow K_{(5)} C_{(5)} A_{4,2} \underline{G}_{(2:4:1)}$

多为草本,少木本;茎四棱,叶对生;腋生聚伞花序构成轮伞花序,花萼5裂或2唇形,花冠二唇形,两侧对称,雄蕊4(或退化为2),2强雄蕊,或雄蕊2轮,雌蕊2心皮合生,子房上位,4深裂(4室),每室1个胚珠,果实为4个小坚果(图6-30)。

唇形科共220余属3500余种,我国98属800多种。以草本、灌木和半灌木为主,极稀乔木;常含芳香油,多芳香植物,观赏、食用、药用,如薄荷、黄芩(*Scutellaria baicalensis*)、丹参、薰衣草(*Lavandula angustifolia*)、宝塔菜(*Stachys sieboldi*)等。

全球普遍分布,特别是在中亚和地中海地区。常见属的分类特征如下:

(1) 益母草属(*Leonurus*):轮伞花序腋生。

(2) 夏至草属(*Lagopsis*):轮伞花序疏花。

(3) 藿香属(*Agastache*):轮伞花序多花,聚集成顶生穗状花序。

(4) 薄荷属(*Mentha*):轮伞花序稀2~6花,通常为多花密集。

轮伞花序腋生的夏至草属

轮伞花序顶生的藿香属

图6-30 唇形科花序的主要形态

(六) 菊科(Asteraceae, Compositae)

花程式:$*\uparrow K_+C_{(5)}A_{(5)}\overline{G}_{(2:1:1)}$

最演化的双子叶植物,绝大多数为草本,鲜见木本。头状花序,聚药雄蕊(5),雌蕊由2心皮合生、1室1胚珠,子房下位,瘦果。

全球约1000属30 000种,我国230属2300多种。带冠毛的果实易于传播,多种生活型,适应性强,遍布全球,主要分布在温带。分为两个亚科:

(1) 管状花亚科(Carduoideae):兼有管状花和舌状花,植株没有乳汁,有香气,如向日葵、蒿(*Artemisia* spp.)、甘菊(*Chrysanthemum lavandulifolium*)。

(2) 舌状花亚科(Cichorioideae):只有舌状花,植株有乳汁,不香,如蒲公英、莴苣、苦荬菜(图 6-31)。

常见属的特征如下:

(1) 菊属(*Dendranthema*):总苞片 1 层。

(2) 风毛菊属(*Saussurea*):总苞片多层。

(3) 蒿属(*Artemisia*):无舌状花。

(4) 蒲公英属(*Taraxacum*):全为舌状花。

图 6-31 兼具有管状花(中部)和舌状花(边缘)的管状花亚科植物(向日葵,左)和仅具有舌状花的舌状花亚科植物(蒲公英,右)

(七) 百合科(Liliaceae)

花程式:$* P_{3+3}, A_{3+3}, \underline{G}_{(3:3:\infty)}$

多年生草本,有根状茎、鳞茎或块茎;花两性,花被片 6 枚,2 轮,花瓣状;雄蕊 6 枚,花药丁字着生;子房上位,3 室,每室多个胚珠,中轴胎座,果实为蒴果或浆果。

百合科共 175 属 2000 多种,广布全球;我国 54 属 334 种,多观赏、食用、药用植物,如百合、贝母、葱、天门冬等;主要分布于温带与亚热带地区;为草甸草原的重要成分,荒漠地区常见的类短命植物。常见属(图 6-32)的区分特征如下:

(1) 葱属(*Allium*):伞形花序,顶生,花被片 6 枚,排成 2 轮,雄蕊 6 枚。

(2) 重楼属(*Paris*):花单生顶端,花被片与雄蕊同数,8~12枚。

(3) 百合属(*Lilium*):花单生或排成总状花序,少有近伞形或伞房状排列,花被片2轮6枚,雄蕊6枚。

(4) 天门冬属(*Asparagus*):两性或单性,有时杂性,在单性花中雄花具退化雌蕊,雌花具6枚退化雄蕊。

(5) 丝兰属(*Yucca*):圆锥花序从叶丛中抽出。

(6) 萱草属(*Hemerocallis*):花葶顶端具圆锥花序,花被近漏斗状,下部具花被管。

(7) 玉簪属(*Hosta*):花葶顶端具总状花序,花被近漏斗状,下半部窄管状,上半部近钟状。

伞形花序的葱属

总状花序的玉簪属

圆锥花序的丝兰属

8~12雄蕊的重楼属

6雄蕊的百合属

图6-32 部分百合科的花

(八)莎草科(Cyperaceae)

花程式：$P_0 A_3 \underline{G}_{(2\sim3:1:1)}$

多年生草本,少为一年生。常有根状茎,茎多三棱形,实心,无节。叶片狭长,具封闭叶鞘,无叶舌。复穗状花序,花两性,或单性同株,少为异株。每朵花外有1苞片,苞片2行排列或螺旋形排列。花被退化呈鳞片状或毛状。雄蕊3,子房上位,小坚果。

莎草科共70属4000种,我国30属650种。多生于湿地、草甸和草原植被中。常见属(图6-33)的特征如下:

(1)藨草属(*Scirpus*):不具先出叶(相当于双子叶植物花序梗基部的苞片)形成的果囊(由先出叶包围雌雄群所形成的袋状结构,结实后仍残留)。

(2)薹草属(*Carex*):具果囊,小穗单一顶生或呈穗状、总状或圆锥花序。

(3)莎草属(*Cyperus*):具果囊,小穗呈穗状、指状、头状排列于辐射枝上端。

藨草属

莎草属

薹草属

图6-33 莎草科的穗形态

(九)禾本科(Poaceae, Gramineae)

花程式：$P_{2\sim3} A_{3\sim6} \underline{G}_{(2\sim3:1:1)}$

一年生或多年生草本或木本,秆中空,有节。叶有叶片和叶鞘两部分。叶鞘包秆,侧面开口。叶片扁平,与叶鞘交接处常有叶舌。花序由小穗排列而成,有穗状、总状、圆锥状等。小穗含花1至多朵,2行排列于小穗轴上。小穗基部通常2个颖片(外侧为外颖,内侧为内颖)。每朵花有外稃和内稃,外稃和内稃之内有两浆片(稀3

片,为变态花瓣),吸水膨胀后开花。雄蕊通常3,雌蕊由2心皮组成,子房上位,1室1胚珠(图6-34)。果实为颖果。

禾本科分为两个亚科:

(1) 竹亚科(Bambusoideae):木本,灌木或乔木状,叶有短柄,笋有箨片。

(2) 禾亚科(Agrostidoideae)[或稻亚科(Oryzoideae)、早熟禾亚科(Pooideae)、画眉草亚科(Eragrostoideae)、黍亚科(Panicoideae)]:草本,叶片不具短柄。

图 6-34　禾本科的穗、小穗和花的解剖

第七章
植物与人类

一、植物在自然界中的作用

（一）固定太阳能，为地球生命过程提供能量

地球上所有生命活动所利用的能量最终来自太阳的光能。绿色植物通过光合作用，可以将光能转化成化学能并贮藏于光合作用产物之中，为人类、动物和各种异养生物的生命活动提供动力源泉。另外，化石能源（如煤炭、石油和天然气等）也主要由不同地质年代的绿色植物遗体经地质变迁而形成。植物光合作用形成有机物所储藏的能量（目前估算，植物光合作用产生的干物质达到 1.718×10^{11} 吨/年，其中陆地 1.168×10^{11} 吨/年，海洋 5.5×10^{10} 吨/年），远远超过其他任何物质产生的能量。因此，植物在整个生命系统中的作用是无可代替的。

（二）推动地球和生物界的发展和演化

地球形成初期，只有一些构造简单的厌氧化能自养生物能够存活。随着营养方式的改变，一部分原始生命演化为能够通过光合作用进行自养生活的原始藻类。原始藻类通过光合作用增加大气氧浓度，逐渐形成可以阻挡紫外线直接辐射的臭氧层，从而改变了地球的整个生态环境。于是，海洋中的原始生命有了向陆上发展的可能，生物界更复杂的演化有了环境基础。

此外，原始藻类通过光合作用将太阳能转变成化学能并贮藏于有机物中，为靠摄取有机物为生的真核单细胞异养生物提供了维持生命活动的能量。以这些原始藻类和真核单细胞异养生物为起点，拥有了适宜环境和能源的生物界便开始了漫长的演化，诞生出了复杂多样的植物、动物、菌类和其他高等生物，形成了现代缤纷多样的生

命世界。因此,绿色植物的出现从根本上推动了整个地球和生物界的发展和演化。

(三) 参与土壤形成,为生物栖息提供场所

植物是地球表面土壤形成的主要参与者。细菌和地衣等先锋植物在岩石表面或初步风化的成土母质上的不断繁衍,可以加速岩石的分解和土壤的形成过程。再经苔藓等高等植物根系的作用,使养分变成有机态,固定在植物体中。植物死亡后,经微生物的分解形成腐殖质进入土壤,可以改善土壤母质的理化性质,使土壤变成具有一定结构和肥力的基质。经过植物的长期作用,土壤渐趋成熟并富含多种养分,为动物和植物在其中或其上繁衍创造条件。

(四) 促进自然界的物质循环

植物在自然界的各种物质循环中都起着非常重要的作用。在碳循环中,绿色植物通过光合作用放出氧气,可以补充由于动植物呼吸和物质燃烧及分解所消耗的氧气,维持自然界中氧的相对平衡;同时,绿色植物光合作用需吸收大量的 CO_2 作为合成有机物的原料,这一过程也维持着大气 CO_2 的相对稳定。长期以来,空气中的 CO_2 浓度大致维持在 0.03%、O_2 浓度大致维持在 21% 相对稳定的水平,显然与植物的合成和分解作用的相对平衡密切相关。

在氮循环中,植物也充当着重要的角色。固氮细菌和蓝藻能将游离于空气中的分子态氮固定,转化成植物能够吸收利用的含氮化合物;绿色植物吸入这些含氮化合物,进而合成蛋白质。生物有机体经腐败分解作用放出氨,其中一部分氨成为铵盐被植物再吸收,另一部分氨经土壤硝化细菌的硝化作用,形成硝酸盐,成为植物的主要可用氮源。环境中的硝酸盐也可由反硝化细菌的反硝化作用,再放出游离氮或氧化亚氮返回大气中。在氮的循环中,大气氮和土壤中的铵态氮或硝态氮,通过植物辗转而保持相对平衡。

自然界中的磷、钾、铁、镁、钙以及一些微量元素等,也多从土壤中被吸收到植物体内,经过一系列新陈代谢,再重返土壤。总之,在物质循环中,植物作为生产者,在动物、微生物等生物群体的共同参与下,使物质的合成和分解、吸收和释放协调进行,维持生态系统的平衡和正常发展。

在自然界的物质循环中,也包含着能量的流动。在一定范围内,生物和非生物的成分之间,通过不断的物质循环和能量流动而相互作用、相互依存,构成了生态系统。

在生态系统中,动物和植物的种类和数量保持相对平衡。如果生态系统受到外界的压力和冲击太大,就会引起生态系统的崩溃,导致生物种类和数量的减少。

二、植物对人类的重要性

目前地球上现存的植物(包括所有能光合作用的物种,不包括菌类)大约有 40 万种,这些植物具有不计其数的遗传性状,犹如一个庞大的天然金库,蕴藏着丰富的种质资源,是自然界赋予人类最珍贵的财富。植物是人类赖以生存的基础,人类的衣食住行、生活的方方面面都离不开植物。植物具有重要的观赏价值和文化内涵,可以美化环境、陶冶情操。植物在保护人类赖以生存和发展的环境、保障人类正常的生产和生活方面有不可替代的作用。

(一)食用价值

人类所需的养分大多直接或间接地依靠植物提供。绝大多数人类的主要食物来源于谷物,如玉米、小麦和稻米,以及其他主食如马铃薯、番薯等。其他被食用的植物还包括水果、蔬菜、干果、香草、香料和花卉等。此外,人类所食用的肉类的生产也依赖牧草和其他植物源饲料。

植物是咖啡、茶、葡萄酒、啤酒等饮料的主要原料。糖主要从甘蔗和甜菜等植物中获取,食用油主要来自玉米、大豆、花生、蓖麻、向日葵、油菜等植物,食品添加剂如阿拉伯树胶、瓜尔胶、刺槐豆胶、淀粉和果胶等也主要来自植物。

(二)原料价值

木材可以用来制造建筑、家具、纸张、乐器和运动用具,棉、亚麻、麻类和桑(蚕丝)等可以纺线织布制成衣料服装。另外,煤炭和石油是主要来自植物的化石燃料,而柴等是来自植物的可再生燃料。

在大量有机化合物的工业合成中,植物是基本化合物的主要来源。植物是许多天然产品如纤维、香精油、染料、颜料、蜡、丹宁、乳胶、树脂、生物碱、琥珀和软木的原料。含植物成分的产品还包括肥皂、油漆、洗发精、香油、化妆品、松节油、橡胶、亮光漆、润滑油、亚麻油、地毯、塑胶、墨水、口香糖和麻绳等。

可以说,各行各业几乎都离不开植物,如食品工业、油脂工业、制糖工业、建筑业、纺织工业、造纸工业、酿造业、化妆品工业,甚至冶金工业、煤炭工业和石油工业等。

(三)药用价值

医学上用于防病、治病的药物,很大一部分来自植物。一些常见的药物包括阿司匹林、紫杉醇、吗啡、奎宁、利血平、秋水仙素、毛地黄皂甙和长春新碱等都来自植物。中草药的绝大部分也来自植物,如银杏、解热菊(*Tanacetum parthenium*)和贯叶连翘(*Hypericum perforatum*)等。一些农药和毒品也源自植物,如来自植物的农药包括尼古丁、鱼藤酮、番木鳖碱和除虫菊精等,来自植物的毒品包括鸦片、古柯碱和大麻等,来自植物的毒药包括蓖麻毒素、毒参和箭毒等。

(四)观赏价值

植物可以美化环境,具有重要的观赏价值。植物是人类最愿意接触的伙伴,在人类周围,植物无处不在,小区的绿化、道路两旁的行道树,还有室内种植的花花草草,以及装饰的切花、干花等都是植物。植物以其自身的美成为人类欣赏的对象,大到一望无垠的森林和草原,小到植物整体外形、枝干的线条、叶形的变化、花的色彩,甚至是植物器官组织的精细结构都是人的视觉可以直接感触的美丽。植物花果的芬芳气味能沁人肺腑,使人精神愉快;植物一年四季的变化,更是给人们的生活增添自然情趣。

(五)文化价值

植物从人类诞生之初便陪伴着人类,承载了人类的无限情思。人类往往从身边的一草一木中感物喻志、表达情意。人类的灵感很多来自植物,植物是国家和民族性格的象征,植物与宗教息息相关,植物是国家关系的使者。在文学、艺术、建筑、旗帜和图腾等方面,植物的意象无处不在,从梅兰竹菊到桃李杨柳,无数植物成为人们寄托情感、借物咏志的绝美对象。随着人类认识、选择、驯化、利用、保护植物的不断深化,植物更加走进人类生活深处、走向人类文化中心,成为人类自然科学与人文社会科学的重要内涵。

(六)恢复和保护植被,改善生态环境

植物对人类赖以生存和发展的环境有着保护和稳定的作用,植物可以调节温度、降低风速、减少噪声、提供绿荫和防止水土流失。

1. 植物能净化空气

植物的表面特别是幼嫩器官表面常常具有表皮毛等结构或黏液、油脂等物质,可

以吸附灰尘,转化有毒物质,减少大气中的毒物含量,净化空气。同时叶片经雨水冲刷后又可恢复吸附能力,如桑树、垂柳具有较高吸附氟的作用,每公顷刺槐林和银桦(*Grevillea robusta*)林每年可吸收 42 kg 氯气和 12 kg 氟化物,每公顷柳杉(*Cryptomeria fortunei*)林每月可吸收 60 kg 二氧化硫。

2. 植物能够净化水域

植物能分解和转化一定浓度的某些有毒物质,如凤眼莲(*Eichhornia crassipes*)可以从水中获取有毒物质汞、酚等;小球藻能净化污水,被净化的污水可以用于农业灌溉;芦苇可以减少水中的磷酸盐、氨和悬浮物等。

3. 植物对水土保持有一定的作用

植被破坏导致的水土流失、土地沙漠化和"石漠化"可以通过合理种植植物得到恢复。茂盛的植被可以增加土壤肥力、固定土壤,可以调节温度、防风固沙,提供相对稳定的微环境。利用植物修复技术,可以重建和恢复被污染、因森林砍伐而被破坏的生境的植物群落,对退化草地、弃耕地和矿山进行修复。

4. 植物对环境有监测作用

植物能综合反映环境因素的影响,一些植物能够对环境污染物做出定性、定量反应。如松萝(*Usnea diffracta*)对生长环境的空气质量的要求很高,一旦大气被污染,可在短时间内迅速死亡;水性杨花(海菜花,*Ottelia acuminata*)对生长环境的水质有严格要求,如果水受到轻微污染,就会成片死亡;葫芦藓(*Funaria hygrometrica*)对土壤中的二氧化硫等有毒气体和其他有害物质非常敏感等。因此利用指示植物可较好地反映环境污染情况以及环境质量对生态系统的影响。利用植物指示环境,具有敏感性强、检测方法简易、费用低廉、预报及时、可综合反映长期作用的慢性毒性效应等优点。

5. 植物对矿产的指示作用

一些植物对矿产有指示作用,如海州香薷(*Elsholtzia splendens*)指示铜矿,戟叶堇菜(*Viola betonicifolia*)指示铀矿等。有些植物的变异特征能指示金属矿,如中条山铜矿区的石竹茎下部呈紫红色。

三、人类对植物的利用

植物资源是人类社会赖以生存和发展最重要的资源,植物为人类提供呼吸所需的氧气以及日常生活所不能离开的粮食、蔬菜和纤维,同时还为人类提供遮风避雨的建筑材料和驱除病魔的药品,现代工业必不可少的煤炭和石油也是来自远古的植物。没有植物,人类社会难以维系,缺少植物,绿水青山将不复存在。人类在利用植物资源的同时,也要对植物资源进行保护。只有保护植物资源,才能使其真正成为可再生且永续利用的资源。人类对植物的利用已有数千年的历史,从作物栽培、果树嫁接、花卉培育到美化环境、建立防护林和保护区,人类利用植物的成功案例处处可见。

目前,人类已经认识到,现代化建设离不开植物资源的研究、开发和利用。新的栽培植物正在不断涌现,新的药用植物和特殊用途植物正在不断被发现,对植物资源的研究已成为现代工农业发展和现代生物技术研发的重要基础之一。这里仅介绍两种近年来应用广泛的人类借助现代生物技术开发和利用植物的方式——植物品种改良和植物工厂。

(一)植物品种改良

利用植物生物技术,提高植物的抗性,增加植物的产量,改良植物品种,提高植物的营养价值,生产具有商业价值的次生代谢产物,提高植物收获后的贮藏能力。

利用新一代的转基因技术改变食物的营养成分,提高种子和植物可食部分的营养成分;研究植物的抗性基因,通过转基因技术提高植物的抗性;通过无性繁殖固定杂种优势,获得杂交种子,解决杂种后代性状良莠不齐的瓶颈问题,发挥杂交种子的杂种优势,如抗逆性强、早熟高产、品质优良等优点。

通过重组根、叶结构和优化抗旱生化反应途径,可以提高水的利用效率,培育节水耐旱植物。培育植物实现自主固氮,提高氮素利用效率,用来减少植物对化肥的需求。发掘并利用植物抗旱节水优异基因资源,提高植物的抗旱性和水分利用效率,缓解水资源危机。

利用生物技术更有效防治害虫。发掘出只杀死害虫或线虫的毒素类基因,或者是吸引这些害虫的天敌的基因,达到有效防止害虫的目的,减缓化学农药使用对环境造成的污染。

(二)植物工厂

植物工厂是一种通过设施内环境高精度控制实现作物连续生长的高效农业系统,由人工智能对光照、温度、湿度、CO_2浓度以及养分等进行自动精准控制,使作物生育过程不受或少受自然条件制约的省力型生产方式。

近年来,植物工厂研发主要围绕光效与能效提升、环境与营养调控以及无人化成套技术研发与装备创制等方面进行。随着城市化的快速发展和人们生活水平的不断提高,人们对洁净安全蔬菜以及体验种植乐趣的社会需求日益迫切,植物工厂将以不同规格、不同形式的产品形态进入人们的生活,在现代城市生活中无所不在,不仅能为人们就近提供新鲜安全的蔬菜产品,而且还能营造绿色生态空间,使人们心情得到舒缓并体验收获带来的乐趣。

植物工厂作为一种以人工光源与营养液栽培为主要标志的生产方式,早期一直以叶菜为生产对象,随着植物工厂技术的不断进步,生产对象已经逐渐拓展到果菜、食用花卉、药用植物、矮化果树以及医用大麻等作物,近年来甚至在水稻等粮食作物的快速繁育方面也取得了重要进展,植物工厂的应用面正在不断扩大,在现代农业发展进程中发挥越来越重要的作用。

四、珍稀濒危植物及其保护

由于人类活动的加剧,加上各种污染日益严重,全球生态环境日趋恶化,许多珍贵的植物种类因为失去生存环境而走向灭绝或者正面临着灭绝的威胁。采取切实有效的措施保护这些处于绝境的宝贵植物资源迫在眉睫。

(一)珍稀濒危植物

珍稀濒危植物是指那些已濒临于灭绝的植物种类,或者其生存正受到严重威胁、在可以预见的将来很可能走向灭绝的植物种类,以及特有的单型科或寡种属的代表种类。

1. 珍稀濒危植物的特点

(1)生存环境严重破碎化,即在其分布上呈小片的分散状态,没有大片成规模的生存环境,自身无法进行大规模繁殖。

(2)种群规模小、数量少,如果不及时加以保护,物种很快就会消失。

(3)地理分布相当局限,仅存在于某些特殊的生存环境中。很多珍稀濒危植物对生存环境有特殊要求,往往不能适应环境变化,一旦环境稍有改变,它们脆弱的生命就会受到威胁。

2. 珍稀濒危植物形成的原因

（1）不可抗拒的自然力量

比如地球历史上的历次大冰川期、火山、地震等，都是一些植物灭绝或者濒临灭绝的原因。如国家一级重点保护植物银杉就是经历第四纪冰期寒冷气候残遗下来的。

（2）人类活动

随着人类活动的不断加剧，许多植物赖以生存的生态环境遭到了严重破坏。人类对有重要利用价值的植物毫无节制地灭绝性采集和砍伐，致使许多植物走向濒危的绝境。如由于红豆杉的树皮含有可以治疗癌症的物质紫杉醇，引起人类大量砍伐，导致整个红豆杉属的植物在很短的时间内整体走向濒临灭绝的境地。

（3）植物自身生命的脆弱

植物自身生命的脆弱是其濒临灭绝的根本原因。任何一个物种都有它的起源、繁荣、衰亡的过程，这是自然界不可抗拒的必然法则。有些植物已经度过了它们旺盛的繁荣期，正在走向衰亡，日趋濒危实际上是它们的必然命运。有的植物，由于自身过于脆弱，不能适应环境的新变化，一旦环境改变，就会导致灭绝。还有些物种，自身繁育后代的能力十分低下，即使环境没有改变，走向灭绝也将成为它们逃不掉的命运。

（二）珍稀濒危植物的保护

1. 就地保护

就地保护是指在原先的生境中对珍稀濒危植物实施保护，主要针对那些生长在比较适宜的环境条件下，但是生境范围狭小，数量稀少的物种。保护方式包括建立自然保护区、圈地保护等。

建立自然保护区是保护生态环境、生物多样性和珍稀濒危植物最重要、最经济、最有效的方式。不但可以保存自然界的原始面貌，保护生物多样性，为人类提供研究自然生态系统的场所，还能涵养水源和净化空气，将植物的生态、社会和经济效益最大化。

深入开展对生物多样性的研究，编制濒危珍稀植物名录，研究其分布区、生物生态学、种群和群落学特性及其生境特点。在不同自然地带各生物地理省范围内，根据遗传基因库的要求，建立自然保护区。对一些珍稀植物，可在其分布比较集中的区域，建立相应的保护区。在此基础上,查明引起植物濒危的具体原因,制定相应的保护和管理措施。必要时还应采取人工更新的方法,以恢复其天然分布和自然繁衍。

2. 迁地保护

迁地保护是指把植物的个体、器官或组织迁移到人工环境或者异地实行保护。许多物种的濒危原因是它们现有的生存环境被破坏造成的,如果改善其所处的生存环境,或者将其引种到另一个较适宜的环境,可以摆脱该物种的濒危处境,如鹅掌楸(*Liriodendron chinense*)、水杉、银杏、杜仲等植物。对这种情况,迁地保护是保护珍稀濒危植物的一种切实有效的办法。迁地保护有建立植物园和种质资源库两种方式。其中,建立植物园是迁地保护的主要方式,种质资源库是迁地保护的一种辅助方法,是通过低温状态对种子进行储藏。

植物园是许多珍贵物种的大家园,在尽可能多地把珍稀濒危植物引种和保存到植物园的过程中,为了避免对园内其他物种造成不良影响,迁地引入新物种需要慎之又慎,要先确定没有外来病害和外来异型种后,才能转入保育大棚进一步纯化,以观察其是否有生态危害。另外,还要想办法使它能适应本地环境的生长。对经济价值高、需求量大的珍稀植物建立栽培基地,引种存活后,还要转入相应的育苗基地,逐渐让它适应本地环境生长。

主要参考书

1. 傅承新,邱英雄.植物学[M].2版.杭州:浙江大学出版社,2022.
2. 马炜梁,王幼芳,李洪庆.植物学[M].2版.北京:高等教育出版社,2016.
3. 赵桂仿,蔡霞,李智选,等.植物学[M].北京:科学出版社,2009.
4. 高信曾.植物学(形态解剖部分)[M].北京:高等教育出版社,1994.
5. 胡正海.植物解剖学[M].北京:高等教育出版社,2010.
6. 李正理,张新英.植物解剖学[M].北京:高等教育出版社,1983.
7. 杨继,郭友好,杨雄,等.植物生物学[M].北京:高等教育出版社,1999.
8. 杨继.植物学实验指导[M].北京:高等教育出版社,2000.
9. 洪德元.生物多样性事业需要科学、可操作的物种概念[J].生物多样性,2016,24(9):979—999.
10. 陆时万,徐祥生,沈敏健.植物学[M].2版.北京:高等教育出版社,1991.
11. 胡适宜.被子植物胚胎学[M].北京:高等教育出版社,2010.
12. 第二届植物学名词审定委员会.植物学名词[M].2版.北京:科学出版社,2019.
13. 周云龙,刘全儒.植物生物学[M].4版.北京:高等教育出版社,2016.
14. 汪劲武.种子植物分类学[M].2版.北京:高等教育出版社,2009.
15. 刘鸿雁.植物地理学[M].北京:高等教育出版社,2020.